スマホで YouTube にハマるを科学する

アーキテクチャと動画ジャンルの影響力

東京経済大学コミュニケーション学部教授
佐々木裕一 山下玲子 北村智［著］

日本経済新聞出版

イントロダクション

「趣味はYouTubeを見ることで～す！」と元気よく自己紹介する大学1年生に筆者の1人が出会ったのは2019年の春だった。学生14人の「導入ゼミ」でのその数は4人に上り、男女半々。恐らく高校時代の1、2年間、そういう行動を彼らはとってきたのだろう。

研究室に戻り少し調べてみると、東京地区の15～19歳の1日あたりスマートフォン利用時間平均（2018年）は男性が160分、女性が165分だった。[1]「趣味」としてアピールするのなら、「私は普通の人よりもたくさん見ているよ」という認識があるのだろうとの読みから、普通の高校生の2倍の320分ほどスマートフォン（スマホ）を使い、その半分の160分ほどはYouTubeを見ているのだろうと想像した。1日3時間弱である。

それは推測にすぎない数字だった。けれどもそれからわずか3年で事態は「普通の人でも見る」方向へとずいぶんと進んだ。

動画共有サービス、ビデオオンデマンドサービス、ネットからのダウンロード済み動画の視聴などを指す「ネット系動画」の平日全世代行為者率は2021年に45.1%となり、2019年の29.3%から2年で約16ポイント上昇した。[2]依然として「テレビ系動画」[3]の行為者率の方が全般的には高く、60代では94.2%と24.1%という大差がある。けれども10代では62.8%と69.9%、20代では56.0%と66.3%と「ネット系動画」の行為者率の方が高い。

そして「ネット系動画」視聴を行う者における2021年の1日平均視聴

時間は、図i.1に示したように10代から60代まで順に144.9分、170.6分、114.0分、109.9分、95.5分、103.6分と50代を除き100分を超えた。[4]

図i.1 2021年「ネット系動画」の年代別1日視聴時間平均（分）[4]

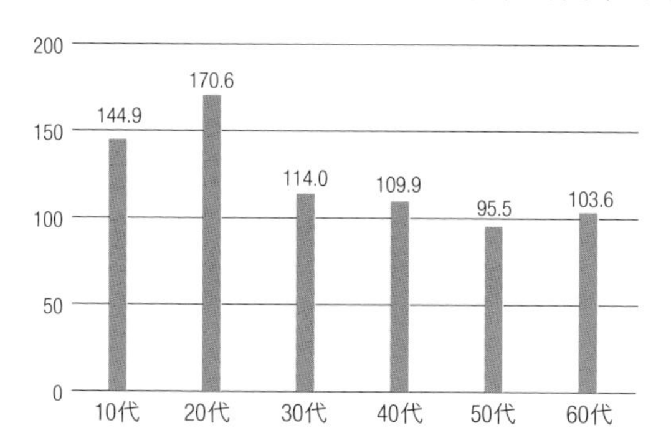

これは「ネット系動画」視聴を行う者に限った数値だが、60代で103.6分という点は要注目だ。もちろん60代は「テレビ系動画」では296.8分と「ネット系動画」よりも3時間以上長くなるのだが、経験してしまえば60代でも「ネット系動画」の視聴時間は長くなっていくようである。ここには在宅時間が延びたコロナ禍での影響もあろうが、主要コンテンツの流通経路がインターネットへとシフトしてきているためネット動画視聴は一般化し始めていると言って間違いない。

さて「ネット系動画」の1つの特徴は、利用者が動画を制作し、アップロードできる点にある。これは免許を持つ放送局が公共性も意識しながらある程度のマスに向けて制作するコンテンツとは異なり、多種多様なジャンルや内容が作られることを意味する。それらに対しては、「そんなものは見ないよ」という冷ややかな反応もありえたが、結果を見ればそれらは相応の視聴者を獲得してきている。そういうわけで、より自由なコンテンツづくりを目指して、すでに知名度を持つ芸能人や著名人のYouTuberとしてのデビューも2019年から進んだ。

外出が制限された2020年のコロナ禍では、Netflix、Amazonプライム・ビデオ、Hulu、ABEMAなどのプロ制作の動画コンテンツを提供する主として有料配信サービスの利用者も増えた。また2015年から放送後のドラマやバラエティ番組を無料配信してきたTVer（ティーバー）では運営会社への増資を2020年6月に民放キー局5社が引き受け、9月には利用者からの要望の多かった倍速再生機能も実装され、2021年1月の月間利用者数は1697万人と過去最多となった。[5]

そしてついに放送とネットでの同時配信も2022年4月から在京民放キー局で開始されるに至っている。[6]

このように利用者が投稿するUGC（User-Generated Content＝ユーザー生成コンテンツ）に加えて、マス向けの「ネット系動画」コンテンツもネット配信で多くの視聴者を惹きつけるようになってきたわけで、それは端的に言えば、ひとりひとりが好きな動画を自分のデバイスで見るように時代は進行しつつあるということだ。

特にUGCの宝庫であるYouTubeやTikTokでは視聴される動画コンテンツは多様化し、非常に多くの人びとが視聴するいわゆるマスコンテンツの割合は下がっている。それには利用者が関心を持ち、気に入るであろう動画を自動的におすすめする機能も一役買っているはずだ。私たちはそのような時代のとば口に立っている。

本書の目論見

本書の目論見は、そのような個人化する動画コンテンツ時代の最初期において、スマホアプリでのYouTube利用者の視聴実態を明らかにすることにある。YouTubeを題材にしたのは、それが日本における「ネット系動画」の中で最もよく利用されているサービスで、調査開始時期にあたる2020年の全年代利用率が85.2%[7]という具合だったからである。PCとモバイル端末での2021年1～10月の利用時間シェアではYouTubeは首位の36%で、2位のLINEの10%に大きく水をあけている。[8]

視聴実態を明らかにする上で本書が焦点を当てたのは、「利用するアーキテクチャ」と「視聴する動画ジャンル」で、これがスマホYouTubeに「ハマる」こととどう関係しているのかを丹念に検証した。

「アーキテクチャ」とは「プログラムコードで作られるネットサービス上の情報環境」のことで、平たく言えばスマホYouTubeアプリの「機能」もしくは「画面のデザイン」である。他方「動画ジャンル」とは動画内容の上位概念を指している。「ミュージックビデオ」や「ライブ・コンサート映像」は内容で「音楽」はジャンルといった具合だ。

YouTubeのスマホアプリが備えている様々なアーキテクチャの中でも「YouTube全視聴時間の70%以上はアルゴリズムによる推奨動画である[9]」ように、動画推奨アルゴリズム（いわゆるおすすめ機能）は中核的なものである。つまり動画推奨アルゴリズムを使ったアーキテクチャがYouTube利用者に作用して、その視聴の頻度を高め、時間を伸ばしている可能性がある。本書のタイトルに引きつけて言えば、スマホYouTubeにハマっている利用者は動画推奨アルゴリズムをよく使っているのだろうか、という問いとなる。

もちろん鋭い読者は次のように言うはずだ。「動画推奨機能に代表されるアーキテクチャというものはわかった。けれどもYouTube視聴者はある機能を使いたいから視聴を始めるわけではないだろう」。つまりある内容やジャンルを視聴したいという動機と行動がまずあり、そのために用意された機能を使っていくという順番の方が自然だという指摘だ。

その点については筆者らも同意する。けれどもアーキテクチャの影響力がないのかと言えば、これも簡単には排除できないのではないだろうか。なぜならある動画ジャンルを視聴することである機能を使い慣れていくと、結果的に他の視聴ジャンルをよく視聴するようになっていったり、最初に視聴し始めたジャンルをより高頻度に視聴するようになっていくことも考えられるからだ。そして何よりもYouTubeを運営するGoogleは、利用者がそうなることで収益が増えていくからだ[10]。

よって本書では、アーキテクチャと動画ジャンルの両方を分析視点として設定した。具体的には、読者のわかりやすさの面から、利用アーキテクチャのパターンないしは視聴動画ジャンルのパターンによって利用者を分類したクラスター分析の結果を多用した。

さらに動画ジャンルの視聴頻度とアーキテクチャの利用頻度の因果関係にも踏み込み、ある先行する時点1にどういう動画ジャンルを視聴している場合に、あるいはどういうアーキテクチャを利用している場合に、後続の時点2でどういうアーキテクチャを使うようになっていくのか、あるいはどういう動画ジャンルの視聴頻度が高くなっていくのかという分析も行った。

つまり本書のタイトルに使われている「ハマる」の意味には2つある。1つ目はある1時点の調査データで語られる「ハマっている」状態。もう1つの「ハマる」の意味は厳密に言えば「ハマっていく」過程である。

本書の構成

本書は直観的・視覚的に理解しやすいグラフ、そして表を多用してまとめたが、全体で12のパートで構成されている。

イントロダクションに続く第1章ではYouTubeの簡単な歴史とYouTubeのビジネス実態について、その後の第2章ではスマホYouTubeアプリに関係する理論を書いている。この2つの章では、なぜこんな研究を筆者らがしたのかを理解してもらえればと思う。

そして第3章と第4章では、本書の分析視点となる「アーキテクチャクラスター」と「動画ジャンルクラスター」について記した。前者は利用アーキテクチャの組合せパターンによって、後者は視聴動画ジャンルの組合せパターンによって、YouTubeスマホアプリの利用者を分類したものである。これらの章はその後の内容を知る上での基礎となる。

第5章は利用者行動のまとめである。たとえばアーキテクチャクラスターの1つである「キーワード検索のみ」クラスターの人たちは、どんな動画ジャンルをよく視聴しているのかなどクラスター別の視聴が描写されている。同様に動画ジャンルクラスターの1つである「消費・生活系UGC志向」クラスターの人たちが、どんなアーキテクチャをよく利用しているのかも書いている。読者は、自分がどのクラスターに属するのかを想像しながら読めるはずだ。

続く第6章は、YouTubeに対して利用者が抱いている印象などとアーキテクチャクラスターとの関係を整理した。具体的には、YouTubeを見ていて偏った内容を視聴しているという印象を持っている人は、どのアーキテクチャクラスターに所属する確率が高いのかなどが書かれている。すなわち利用者の心理傾向に注目した章だ。

第7章は、スマホYouTube以外での行動にも目を向けた章で、たとえば「消費・生活系UGC志向」クラスターの人たちは、YouTubeアプリ以外のインターネットサービスでどのような情報に接触しているのか、さらに同じ動画でもテレビではどのような番組を見ることが多いのかなどが書かれている。端的に言えば、人はYouTube・ネットメディア・テレビで似たような情報を読んだり見たりしているのか、そうではないのかが関心である。

第7章のあとには、第3章から第7章までのまとめとして、2021年のアーキテクチャクラスターと動画ジャンルクラスターの「横顔」を見開きでコンパクトに収めた。マーケティングやPRの従事者はこのページを起点にデータ詳細にあたるなどして活用して欲しい。

第8章と第9章は因果関係、つまり人がYouTubeアプリに「ハマっていく」パターンが書かれた章である。そのうち第8章では、動画ジャンル間の視聴頻度の因果とアーキテクチャ間の利用頻度の因果に触れた。そして第9章では、どの動画ジャンルを視聴しているとどのアーキテクチャを使うようになっていくのか、さらにそのアーキテクチャを使っているとどの動画ジャンルを視聴する頻度が上がっていくのかの分析結果を書いた。

最後のパートでは、本書の結論と今後の展望を記した。後者については「そこまで言うのは少々乱暴」という箇所もあるだろうが、実務家や一般読者がインスピレーションを得られるようにという気持ちで書いた。

では先へと進んでいこう。

1　博報堂DYメディアパートナーズメディア環境研究所, 2018
2　総務省情報通信政策研究所, 2022; 2020
3　テレビのリアルタイム視聴と録画番組視聴を指す。
4　総務省情報通信政策研究所, 2022
5　野澤, 2021
6　阿部, 2022
7　総務省情報通信政策研究所, 2021
8　ニールセン, 2021
9　Solsman, 2018
10　Wojcicki, S. & Goodrow, C., 2018

第1章

YouTube小史とアテンション・エコノミーの現在

本章では、現在のYouTubeをとりまく環境の理解のために、まずYouTubeの歴史を手短に記し、アテンション・エコノミーについて触れる。アテンション・エコノミーとは、情報量が増えることで希少となる私たちの注意や関心（＝アテンション）を取り合う経済のことで、それはYouTubeも含むソーシャルメディアのビジネスに関わるものだ。

1　YouTubeの短い歴史

はじまり

「オーライ、ということで、僕らは象の前にいます。この動物のクールなところは、すごく、すごく、すごく長い、えーと……鼻を持っているところ……」[1]というふざけたナレーションとともにサンディエゴ動物園で撮影された19秒の動画が、そのサービスへの最初のアップロード動画となったのは2005年4月23日だった。

この「動物園にいる僕」、動画でしゃべっていたジョード・カリムが、チャド・ハーリー、そしてスティーブ・チェンとの3人で立ち上げたのがYouTubeである。「人びとが簡単な操作で動画をアップロードでき、見たい動画をすぐ探せる動画ファイル共有サービスを作る」というコンセプトを見る限り、現在のサービスは構想通りと言える。けれども利用者は自分のプロフィール動画をアップするだろうという読みのもと出会い系サイトとして始められたという事実からすれば、現在のサービスとは異なっていたとも言える。ともあれそのようにしてYouTubeは始まった。

出会い系サイトとして利用されることはなく、利用者は友人やペットとの日常、街で見かけたおかしなもの、ネット上で流行っていることなどの動画を投稿するということがわかってきたので、恋人紹介の要素はすぐに取り外された。そしてリニューアルされた6月には、視聴している動画に内容的に似たものを表示する「関連動画」機能[2]とYouTubeの動画プレイヤーを利用者が自分のウェブサイトに埋め込める機能も追加され、サイトは利用者を増やし始めた。

グーグルによる買収

このサービスをGoogle（グーグル）が買収したのは2006年10月だった。その金額16億5000万ドル（約2000億円）に対しては「高すぎる」という意見が当時は多く、その点でも話題になったが、同年2月からすでにYouTubeに広告は掲載されており、利用者さえ増えれば収益が確実に増えることはネットビジネス経験者には先刻承知であった。なお2006年末には1日に1億本の動画が視聴されるようになり、インターネット上での動画視聴の58%がYouTube上で行われるようになっていた[3]。

YouTubeの最大の特徴は構想通り利用者個人がその動画を投稿する点にあった。これはネットサービス史の文脈では、掲示板やブログといったテキストあるいは写真ではなく、UGC（User-Generated Content）が動画でも成立し、動画版UGM（User-Generated Media）が成立するようになったことを意味する。撮影デバイスの進化もあって、写真データの数十倍から数百倍のデータ容量を持つ動画が簡単にアップロードできる環境を利用者が持ち、それらのバックアップを管理するストレージ環境やそれらを遅延なく配信するサーバーなどのシステムを提供者側が持てる時代が到来したということだ。つまり様々なもののコストが下がったことが動画共有サービスを可能にした。とはいえ2006年はまだ少し早く、グーグルだったからこのサービスを運用できたということも言える。

事実、YouTubeにも初期において投稿可能な動画は最長10分までという制限があった。日本の動画UGMであるニコニコ動画（2007年1月にβ版リリース）では動画配信システムに多大なコストがかかるため、YouTubeにアップロードされた動画のリンクを利用して動画画面上にコメントをつけられる独自の機能を提供していたが、あまりにニコニコ動画からYouTubeへのアクセスが増えたため2007年2月にYouTube側から一方的にアクセスを遮断された経緯がある。その後自前のシステムを開発・運用することになったニコニコの代表取締役（当時）川上量生は「YouTubeからアクセスを切断されてから作った自前のサーバーだと、推定ユーザーの10分の1しかさばけない」と述べている。[4]

投稿内容

インターネット上で共有されるものの伝統には「知」がある。今では比率で見ると下がったものの、これはウェブが学知や公に利用できる知を広く共有するところから始まった歴史があるからだ。

動画でもその伝統は引き継がれたと言える。ただし高名な科学者や研究者が話す長い講義・講演動画よりも利用者の需要にはるかにマッチした「知」があった。それはテキストや写真よりも動画の方がはるかにうまく伝えることのできる生活や趣味に関わる短いハウツー動画であった。

そういうものであれば投稿者の数も多くなるわけで、「ネクタイの結び方」「パウンドケーキの作り方」「マンガでの女性キャラクターの描き方」などの動画はYouTube外の検索結果から視聴される傾向を持つ。コロナ禍では自宅でできる身体を使ったエクササイズ動画が非常によく視聴されるようになったことは記憶に新しい。

また新ジャンルがどんどん生まれてくるのがUGMの面白さである。「歌ってみた」「踊ってみた」「ゲーム実況」「日常生活を撮影したVlog（ビデオブログ）」「そしゃく（ASMR）[5]」といった動画が試行錯誤を経て一定数の視聴者を獲得していった。

そして2021年に入ってからは、内容よりも形式と呼べるものだが、短尺の「ショート」動画が増えていった。ただしこれを増やそうとしていたのは利用者よりもむしろYouTubeで、中国企業バイトダンスが運営する短尺動画SNSのTikTokの世界的成長がその理由であった。日本語版YouTubeアプリのホーム画面最下部に「ショート」アイコンが現れ始めたのは2021年7月であった。

YouTubeミュージックとプレミアムサービス

2010年代以降、投稿・視聴内容として安定的に人気を得ているのが音楽である。筆者たちの分析でも「音楽」という動画ジャンルが出てくるが、それは「ミュージックビデオ（PVやMV）」「音楽関連のプレイリスト・ミックスリスト」「ライブ・コンサート映像」などで構成される。

当初はインディペンデントな無名アーティストの利用が多かったが、しだいにメジャーなアーティストやレーベルがYouTubeを使うようになっていった。ちなみに韓国のアーティストPSYによる「カンナムスタイル」が人気を博したのは2012年、日本のピコ太郎の「PPAP（Pen-Pineapple-Apple-Pen Official）」は2016年である。

音楽だけあるいは音楽中心にYouTubeを利用する者もいるので、グーグルはこのジャンルだけを視聴できる専用サービスを有料化も視野に入れて切り出す戦略を採用した。それによって生まれたのがYouTubeミュージックである。2015年11月にアメリカなどで開始、日本では2018年11月にプレミアム版と同時にサービスを開始した。

YouTubeミュージックのプレミアムサービスは月額980円で[6]、(1) YouTube以外のアプリを利用中でも音楽が中断されることなく聴ける機能（バックグラウンド再生）、(2) 広告なし、(3) 音楽ファイルダウンロードによるオフライン再生、(4) プレイリスト作成機能などが無料版にはないものとして提供された。

2018年11月には音楽に限らないYouTubeプレミアムもリリースされた。こちらは月額1180円で、前述のYouTubeミュージックのプレミアム機能も利用できる。この価格設定からは音楽コンテンツをより快適に視聴したい層がある程度いることと、音楽以外のUGCだけならば無料で聴くことを許容できる層が多いことがうかがえる。音楽以外のコンテンツを視聴するための金額が200円（1180円－980円）でしかなく、音楽以外のコンテンツだけを視聴するためのプレミアムサービスが存在しないからだ。ともあれ広告という収益モデル以外の多角化が進んだ。

YouTubeとテレビとニュース

2022年現在、日本では「グーグルTV」というサービスがあり、YouTube、Netflix、Amazonプライム・ビデオ、ABEMAなどの動画サービスやSpotifyなどの音楽サービスを利用できる。利用可能な端末はアンドロイド OSが動くスマートフォン、クロームキャスト・ウィズ・グーグルTV[7]を差し込めるHDMI入力を持つテレビ受像機、ソニーなど限られたメーカーの特別なOSの搭載されたスマートテレビである。つまりクロームキャストを購入して差し込むという大きな手間はあるものの、理屈では多くのテレビ端末でもYouTubeは利用可能である。

しかしこのような環境が普及し始めるようになったのはわずか4、5年前からでしかない。つまりYouTube視聴端末とテレビ受像機は基本的にはパラレルワールドであった歴史の方が長い。

日本でYouTube動画をテレビ受像機で見られるようにした最初のサービス（無料）は、2007年に任天堂のゲーム機Wiiのインターネット機能を使ってテレビ画面の再生を可能にしたものとされる[8]。またパナソニックが2008年にYouTube視聴可能なテレビを発売しているが[9]、日本においては「ネットはPCで、放送はテレビで」という時代であった。スマートフォンの個人所有率が10%を超えるのもその3年後の2011年である。

状況がやっと変わり始めるのは2017年で、この年は「ネット系動画」の平日全世代行為者率が18.9%となった[10]。またスマートフォンでの動画視聴が進み始め、翌2018年からスマートフォンでの動画視聴を想定した大容量プランが携帯電話会社から提供され始めた。

これ以降、スマホとテレビ受像機はその距離を徐々に縮めていくが、その役割を果たしているのがAndroid（アンドロイド）TVとAirPlayという技術である。

アンドロイド TVは2014年リリースのスマートテレビのOSであるが、シャープとソニーがこれを採用したテレビ受像機を開発し、シャープが

「AQUOS（アクオス）」ブランドで2017年9月からリモコンにYouTubeボタンを搭載した。またソニーが2018年6月から順次発売した「4Kブラビア」ブランドでOSとして採用し、図1-1のように5つの動画配信サービス専用ボタンをリモコンに配置した。これにより電源オフ状態からボタンの一押しで各サービスが起動することになり、地上波やBS放送などのテレビと操作上ではほぼ同水準の手軽さとなった。

テレビ番組として非常によく見られているものにはニュースがあるが、実は米国テレビ局によるYouTubeでのニュース配信の歴史は古い。公式チャンネルに投稿した最初の動画はCNNが2008年、ABCは2009年、NBCは2010年である。また日本においても、ANN（テレビ朝日）とTBS[11]は2009年、フジテレビは2011年にニュース配信チャンネルを開設している。

けれども現在のところ、テレビ受像機でYouTubeを立ち上げてニュースを視聴するという人は非常に少ないだろう。大きな理由には、ニュースはネットでの動画配信でないと見られないコンテンツではないというものがあるだろうし、ニュースに限った話ではないが、リモコンで「オ

図1-1　YouTubeボタンなどがつけられたテレビ付属のリモコン

嵯峨野，2018

ン」にすれば番組が流れ始めるテレビ放送とは違い、YouTube起動後にも画面上で何らかの選択が確実に視聴者には発生するからだ。テレビなどのリモコンを使ってYouTubeで視聴したい番組をキーワードで検索するには、テレビ画面上の「アルファベット」や「かな」を矢印キーで複数回移動して選択する必要があり、非常に煩雑である。

上で記したような放送局のチャンネルをYouTubeで登録しておけば、文字どおりテレビのチャンネルにやや近くなり、操作の複雑さはずいぶんと解消されるが、チューナーを内蔵しているテレビであれば、電源をオンにしてテレビ放送のニュースをライブで見る、あるいは録画されたものを見るという習慣を持っている人の方がはるかに多いだろう。

現状と近未来

オリジナル作品も含むエンタメコンテンツを多く抱えるNetflixやAmazonプライム・ビデオと比べてもYouTubeは動画サービスの中で世界でも日本でも圧倒的な強さを誇っている。その理由は無料で利用できるからだろう。

速い回線やデータセンター、ソフトウエアなどで構成されるグーグルによる配信システムの抜群の安定感もあり、2022年に世界で26億人が月に1度はYouTubeを利用しており[12]、日本においてはPCとモバイル端末での2021年1～10月の利用時間シェアでYouTubeは首位の36%である[13]。PCとタブレットとスマートフォン利用時間合計を248.6分とすれば[14]、1日の利用時間はその36%の89.5分と試算できる。そして2020年のデータで、YouTubeアプリに限った利用時間は42.8分となっている[15]。

最後に近未来にも目配りしておこう。YouTubeの最高製品責任者であるニール・モーハンの公式ブログで2021年2月に公表された数年先までの方針によれば[16]、この先のYouTubeは音楽コンテンツへのさらなる注力やテレビ端末への拡張がなされるはずである。またそれ以外では、動画配信者の収益獲得方法の多角化も予定されており、まずはライブ配信におけるスーパーチャット（投げ銭）に当たる、チャンネルでの投稿動画を応援するための「拍手」機能が開発予定だという。さらにすでにInstagram等で導入されている動画を起点とする商取引機能をYouTube内に構築するという構想も挙がっている。

2　YouTubeの経済学とアテンション・エコノミー

ここまで誕生してから18年目に入っているYouTubeの歴史をかけ足で見てきた。ここからはYouTubeのビジネスにまつわるエトセトラを整理して、アテンション・エコノミーの現状をつかんでいくが、まずはYouTubeの人気を支えているUGCの投稿者から話を始めよう。

動画版UGCプラットフォームとしてのYouTube

書籍『YouTubeの時代』の原題“Videocracy”はビデオの民主化を意味している。つまり個人がアップロードする動画UGCの多さがYouTubeの特徴というわけだ。たしかにいつからか人気の投稿者が生まれ、彼らはYouTuber（ユーチューバー）と呼ばれるようになった。

HIKAKINが登場する「好きなことで、生きていく」というYouTubeプロモーション動画がYouTube Japan 公式チャンネルに公開されたのは2014年。日本で「HIKAKIN」「はじめしゃちょー」といったYouTuber名によるキーワード検索の回数が大幅に伸びたのはそれぞれ2014年、2015年である。[17] つまりこの頃から「ある程度人気が出れば」という条件つきではあるが、動画投稿者が一定収入を得られる環境が整っていった。

その理由の1つは視聴者数の増加にある。スマートフォンの個人保有率が5割を超えたのが2015年で、[18] LTE（3.9G携帯電話回線）の普及もあり、動画好きである人が自宅内外の短い時間での視聴を少しずつ増やし始めるのがこの頃だった。けれどもこれだけではYouTuberの収益は生まれない。つまりそのような利用者側の環境変化に呼応するようにYouTube上の広告商品も拡充されていったことの方がより直接的な理由である。

広告がYouTuberにもたらす収益額

2022年現在、YouTubeチャンネルから収益を得るための条件は、(A) チャンネル登録者数1000人以上、(B) 公開動画の総再生時間が直近12カ月で4000時間以上の2つが主なものである。

この2つをクリアすれば、次のような方法を用いてチャンネル運営者は収益を得ることができる。すなわち、(1) YouTubeに設定された広告枠へ掲出される運用型広告（アドセンス)、(2) YouTube上の月額会員サービス、(3) スーパーチャット（投げ銭)、(4) 動画終盤に表示されるエンドロールから商品販売サイトへの誘導（ただし商品が売れて初めて収益化)、(5) YouTubeでのタイアップ広告、である。これらの中で中核的なものはタイプ (1)[19]である。

では、タイプ (1) によって動画投稿者はどれくらいの額を得ることが可能なのだろうか。

月の再生数が10万回／100万回／1000万回であれば、広告からの収益額の目安はそれぞれ1万～3万円／10万～30万円／100万～300万円であるというものが1つの見解としてある。[20] YouTuberマネジメント会社UUUMの決算データによれば、タイプ (1) の1再生あたりの同社の広告収入は0.26～0.33円なので、[21] 100万回再生であれば月収は26万～33万円である。前述の見解と桁では差がないため、額として大きく的を外したものではないはずだ。

では月に100万回再生というものはどの程度起こりうるのだろうか。それは1日あたり3.3万回再生があるということなので、動画1本だけでこれを達成するには毎日（30日）動画を1本更新し、そのすべてが3.3万回再生されなければならない。けれども現実には、過去に投稿された動画も視聴されるため、仮にその時に全部で10本の動画がアップロードされていれば、1日1動画平均3300回で済む。

ただしある時点で見れば、その時の最新動画の再生回数が最も大きくなることが多く、かつこの類いの数字は「べキ分布」をとることが多い。べキ分布とは、1番目に人気のある動画の再生回数は2番目に人気のある動画の再生回数の2倍、2番目に人気のある動画の再生回数は3番目に人気のある動画の再生回数の2倍、…というような分布である。なお同じ「べキ分布」でも、「2倍」の部分が「3倍」や「1.5倍」になることはあり、その数が大きい方が上位と下位の再生回数差が大きくなる。

今ここで「2倍」を採用して仮定の計算をしてみよう。すると10本で再生回数合計が3.3万になるためには、再生数は大きい方から以下のようになる。16384／8192／4096／…（中略）…／128／64／32。これで10本の合計は32736回である。つまり3日に1日動画を更新して、かつ最新動画が概ね1万7000回再生されれば、更新しない日の再生回数がゼロでも月に100万回再生となる。[22]

もちろん動画はどんどん蓄積されていくし、更新しない日の再生回数がゼロということも起こりにくい。けれども「べキ分布」では古い動画の再生回数は前に示したようにわずかな数字にしかならないことが非常に多い。したがって月10回更新では、最新動画が1.7万回再生というのが合計月100万再生のおよその目安にはなる。そして更新されるたびに1.7万回再生を獲得するには、チャンネル登録者は2万〜10万人は必要になってくると考えられる。あるいは、ある時点ですべての動画を通じて20万人以上にリーチしている必要があるとも言えるだろう。

つまり熱心なファンを苦労せずに10万人以上の水準で次々と獲得していく段階にあり、それゆえ過去に投稿した動画の再生数も増加している状況にあれば、YouTuberは効率の良いビジネスとなり、半年から2年ほどの間は月に50万〜100万円ほどの収益を得ることも可能だ。人気者になれば、毎日動画を更新することでさらに収益は3倍、4倍になる。けれども初期段階でチャンネル登録者が数千人という規模であれば、月10万円以上を安定して得るのは困難なビジネスであると言える。[23]

それでもこの新しいメディアによって才能が発見されやすくなったのは事実である。またデジタル財であるゆえ複製コストがかからずに到達マーケットが一気に広がる可能性はかつてに比べてはるかに高くなった。つまりオリジナルの制作コストは安く、追加単位の制作コストもゼロ、配信のコストはYouTubeと利用者にまかせることができるのでこれまた絶対的に安い。しかも視聴回数が上振れした時には月に数百万円の収入になる。だからそれに賭ける者が出てくるのは一理ある。[24]

投げ銭＝スーパーチャットがライブ配信者にもたらす収益額

動画投稿（配信）者にとってのもう1つの収入が、タイプ（3）のスーパーチャット（投げ銭）である。これはライブ配信を通じて18歳以上の配信者が収益を得る手段であるが、その原資は視聴者が配信者に100円〜5万円までの範囲で送る有料のチャットである。

視聴者はチャットの入力欄に金額とコメントを入力して投稿する。金額が高いほどそのコメントは長い時間画面に固定されて表示され続ける。これは数秒で消え去るような他の多数のコメントよりも目立ち、そのことは配信者にコメントが読み上げられ、反応をもらえる確率を高めることになる。熱心なファンであれば有料のコメントを贈りたくなる。

では今度はライブ配信者の収入を考えてみよう。ライブ配信に250人の視聴者がおり、各回に23人から合計2万円（〔5000円×1人〕＋〔1000円×8人〕＋〔500円×14人〕）のスーパーチャットが得られるとしよう。その場合、月に8回のライブ配信を行えば16万円の収益となりグーグルなどへの手数料30%強[25]を差し引くと11万円ほどの実収入になる。

これは前述の広告から月に10万円という場合とほぼ同金額になるが、配信回数は前述で仮定した10回よりも少し減るため制作の負担は下がる。けれども視聴者250人に対して23人がスーパーチャットを送ってくれることが毎回必要で、同一人物による複数回の投げ銭がないとすれば、250人分は12回（23人×12＝276人）で一巡して終了である。もちろん毎回5000円、1万円の投げ銭をくれるファンも少数ならばいるだろうが、この収入を2年間続けるには重複のない視聴者数で500人以上は必要となってくるだろう。

つまりライブ配信でも、毎月10万〜20万円を得ようとするならば、新規のファンを獲得して数千人から1万人規模にまではしていく必要があるということだ。しかもライブ配信は同期サービスであり、過去の配信動画が収益を生まないモデルであるため、配信者の体力、精神力、企画力も高いレベルで必要であるとも言えるだろう。ただしこちらも何かの拍子に人気が出れば、収益は大きく上振れする。

グーグルの収益の大きさと収益性の高さ

ここまで動画投稿・配信者の立場からのお金にまつわることを書いてきた。そこで得られた結論は、月に10万〜20万円の収入を2年間続けることはかなり難しく、これが100万円になるためには何らかの才能と運が必要だろうということだ。

もちろんそこそこの人気を持つ3人のYouTuberが協力して、ある部分を効率化したりアイディアを出し合うことで動画の更新・配信頻度を下げたりなどの工夫はできるし、さらに大きな組織がYouTuberをマネジメントして間接業務を担当することもできる。後者の場合の「大きな組織」の代表が先に登場したUUUMという会社である。とはいえ、そのような軒を借りられたとしても個人が継続的にある程度の額の収入を得ることは容易ではない。

他方、儲けの場を提供するYouTubeにも広告や投げ銭を通じて収益が発生する。既述のとおり、タイプ（3）のスーパーチャットではグーグルに30％強の手数料が落ちる。また売上規模のはるかに大きいタイプ（1）の運用型広告において通常のアドセンスと手数料率が一緒だとすれば、32%がグーグルに落ちる。プラットフォーム側にはどの動画投稿者が儲かるとか、儲からないということとは無関係に安定的な収益をもたらしている。

グーグルの親会社であるアルファベットの決算資料では、2019年第4四半期からYouTube事業のセグメント情報が開示され始めた。グーグル全体の広告収入は3つに分けられているが、2021年第4四半期のYouTube広告は86億ドルで、広告収入に占める割合こそ14%でしかないが、四半期で1兆円を超える規模であった。他に検索連動広告が433億ドル、ネットワーク広告が93億ドルで、広告による収入合計が612億ドルであった。[26] そしてアルファベット全体での数字だが、2021年の営業利益率は31%と非常に高い。そういう収益の額も率も莫大な企業なのである。

YouTubeにおけるKPI＝「視聴時間」

運用型広告にせよスーパーチャットにせよ、グーグルからすれば視聴者数が多いことも、視聴回数が多いことも、視聴時間が長いことも増収要因となる。けれどもYouTubeにおいてKPI（Key Performance Indicator）と呼ばれて経営上管理される最も重要な数字は「視聴時間」である。

これに関してはその歴史に触れておきたい。YouTubeのバイスプレジデントのクリストス・グッドローが2011年9月に同社幹部に送ったメールのタイトルは「1にも2にも視聴時間」だったが、グーグルの中心サービスである検索エンジンで利用者を最適な目的地に短時間で送り出すことが重視されていたことからすれば、この考えは邪道だった。

事実それ以前、YouTubeでは「視聴時間」よりも「視聴回数」が重視されていたが、こちらの方がまだ検索エンジンの考え方に近い。というのもいくつかの候補動画を少しずつ見ながら、本当に見たい動画に利用者がたどり着くことを良しとすれば、「視聴回数」は妥当な指標となるからだ。しかしグッドローは「グーグルとYouTubeは別の生き物である」と結論し、2011年に「視聴時間」をKPIに据えた。それは次の例え話に端的に示されている。

利用者がYouTubeで「蝶ネクタイの結び方」とキーワード検索したと

する。これについて2つの動画があり、1つは1分間で蝶ネクタイの結び方を手早く簡潔に説明するもの。2本目は10分間でジョークを交えて面白く説明するもの、だ。この時に「どちらを検索結果の1位に表示するか？」という質問に対しての古典的なグーグル社員の答えは「1つ目」であった。

けれどもグッドローのややトリッキーな答えは「どちらも見せろ」であって、「YouTubeが目指すべきは、ユーザーを夢中にして、できるだけ長い時間をこのサイトで過ごしてもらうことだ。事実、10分間の動画を7分（あるいは2分だけでも）見た時の方が、1分間の動画を最後まで見た時よりもユーザーの満足度は高い」[27]というものだった。

「視聴時間」を最大化するアルゴリズムがYouTubeで稼働したのは2012年3月からで、同年11月に当時1億時間程度であったYouTubeの1日総視聴時間を2016年末までに10倍の10億時間に到達することが目標となった。この目標は利用者増もあり2016年12月にめでたく達成された。

なお動画の視聴時間が重視され、視聴回数が減ることで広告表示回数が減ってしまい、広告収入も減少してしまうという議論が社内にはあったという。というのも広告は動画と動画の間に挟まれて表示されていたからである。しかしここから発想を変えて、動画の再生中に挿入される広告商品が開発されたことは、たくましい商魂を示す逸話である。[28]

そして「視聴時間を最大化するためのアルゴリズム」において大きな役割を果たしたのが、「動画推奨機能」であることは想像に難くない。というのも2017年の時点で「YouTube全視聴時間の70％以上はアルゴリズムによる推奨動画である」[29]という事態になっていたからである。

アテンション・エコノミーとそれへの批判

佐々木（2018）は、小画面であるスマートフォンアプリのタイムライン（ホーム画面）では利用者行動がコントロールされやすいことを、日本のソーシャルメディア事業者が経験的に理解していることを記したが、アーキテクチャが人びとのソーシャルメディアアプリの利用時間を伸ばす方に作用している可能性や、それがもたらす害を指摘する声も2010年代末に入ると高まってきた。精神科医ハンセン（2019）が書いた『スマホ脳』が日本でも2020年の発売以来70万部以上売れたことは、一般的な利用者も「コントロールされてしまっている」という感覚を持ち、真剣にアプリの過度な利用がもたらす害について考えるようになってきたという1つの証左だろう。

このような実態をグーグル在籍時に体験し、その罪悪感から同社を辞し、人びとにウェルビーイングをもたらす技術の開発を行う非営利組織の共同創設者となったのがトリスタン・ハリスである。彼は米タイム誌が選ぶ「未来をつくる次世代の100人のリーダー」にも選出され、Netflixのドキュメンタリー “The Social Dilemma” を通じて、大手メディアプラットフォーム企業がどのようにして利用者を長時間サービスに留まらせようとしているかを明らかにした[30]。

ノーベル経済学賞を受賞したサイモンは、1971年に「情報が余剰になると、それらに振り向けられるアテンション（注意・関心）が希少になる」と述べた[31]。その後、私たち人間の希少なアテンションを獲得することが経済的利益をもたらすというアテンション・エコノミー[32]の時代がインターネット常時接続とともに到来した。そして常時身につけるスマーフォンの時代になると、その経済規模はFacebook、Instagram、YouTube、Twitter、TikTok、LINEなどがアプリを通じて私たちのアテンションを奪おうと目論むようになったことでさらに拡大した。

この行き過ぎたアテンション獲得に対して痛烈な批判を行ったのが、心理学者であり経営学者であるズボフ（2019）で、具体的には、利用者行動データの分析結果を自社サービスの体験向上のためだけに活用していた企業群が、ある時からは行動データを利用者の行動を予測して広告をタップさせる／商品を購入させるために使い始めたことが画期をなしたと指摘した。つまり私たち利用者が、巨大プラットフォーム企業の売る商品の原材料抽出の対象となったことが「監視資本主義」であるというのが彼女の議論のエッセンスだ。

またデジタルとアナログの領域横断的なアーティストであるオデル（2019）は、アテンション・エコノミーとはまったく別種の活動に従事することを「何もしない」と表現した。たとえばそれは、私たちと他者の身体に十分な注意を向けて、空間と時間を共有して対話することだが、要はアテンションをネット上の情報以外に向けようということである。

しかしオデルの提案とは裏腹に、身体性を重視しない擬似的な情報空間がなんとも楽しく、ソーシャルメディアの利用が自分の精神的健康に寄与していると感じている人も多い。もちろん「できることならもう少し利用時間は減らしたい」という人も多数いるが、いずれにせよ人びとのアテンションをアーキテクチャによって獲得する、あるいは獲得し続けることが多くのネットサービス事業者、なかでもメディア事業者において企図されていることは経済的なインセンティブからほぼ確実である。人により程度の差はあるとしても私たちがアテンションを提供していることは、大手プラットフォーマーの売上から明らかなのである。

ドーパミン放出と中毒性

アーキテクチャの利用行動への影響力を実証的に示した研究は多くない。それは先に挙げたような巨大プラットフォーマー内にデータが留まることが多かったり、アーキテクチャ変更が頻繁に行われて、どのアーキテクチャが何に対してどれだけ影響しているのかを外部研究者が測ることが容易ではないという理由もある。だから実務経験者の証言に頼ることが多くなるが、先の「辞めグーグル」のハリスは次のように述べる。

ビッグデータ型AIが昨今、話題になることが多く、その時「情報技術が人間の能力を圧倒する」と言われるが、実際のところすでに起きてしまっているのは「情報技術が人間の弱さを圧倒している」状況だと。私たちは意志の力でアーキテクチャにあらがえるほど強い存在ではないというわけだ。

ハリスが経験した巨大プラットフォーム企業の悪行の基本は、放出されると幸福感ややる気が増すとされるドーパミンの生成にある。私たち人間は次に来るもの、次に起きることを予測することが進化の過程でプログラムされていると言われる。このため何か新しいことが起きればドーパミンは放出されるが、予測と違うこと、それも予測よりも本人にとってより良いことやより楽しいことが起きればその放出量が増える。[33] ソーシャルメディアアプリのホーム画面でのコンテンツ表示においてもそのことが応用されているというのがハリスの証言だ。

2020年代に入って利用者数を大きく増やしている、短尺動画SNSのTikTokはストリーム（ホーム画面）で「洗練された」動画推奨アルゴリズムが機能しているとされる。[34] TikTokのストリームは過去の視聴履歴によって個人化されているが、あまりに似通った内容の動画が表示されないように、あるいは時に違うカテゴリーの動画が（注で示した記事では、かわいい「犬」の次には「猫」、その次には「へび」と書かれている）流れてくるようにアルゴリズムで調整されていると言われている。[35]

この独自のアルゴリズムによって新奇性を持つものが流れてくれば、私たちは幸福感を感じ、少し予想外のものが流れてくれば「おっ」となり、より多くのドーパミンが生成される。厄介なのはこの状態に慣れるとドーパミンの放出量は減衰し、同等の幸福感を得るためにより頻繁に放出せざるを得ず、サービスへの依存状態に陥るということだ。

「依存」ということばは強すぎるかもしれない。けれどもTikTokに限らず、ついつい長時間、あるいは1日に何度もソーシャルメディアアプリを開いて利用してしまうということは多くの読者が思い当たる話だろう。

本章では、YouTubeの歴史とアテンション・エコノミーにまつわる記述をとおして、現在のYouTubeが置かれている環境の理解を試みた。一言で言えば、その多くが公開企業である巨大プラットフォーム企業が収益をさらに伸ばすために、スマートフォンの時代に入り特にアプリの利用時間を伸ばすことにやっきになっているということである。そしてもちろん動画サービスで最も強いプレイヤーであるYouTubeもその例にもれず、彼らのKPIは「視聴時間」となっている。

次の章では本書での研究課題をもう少し前面に出しながら、関連する議論や概念も紹介してみたい。

---

1 Allocca, 2018 = 2019: 13

2 サービス開始直後時点では、動画内容の類似性は動画タイトルなどテキストのメタデータによって測られていたと考えられる。利用者の視聴行動履歴から類似性を計算するアルゴリズムが導入されるのは2007年と推測される（Baluja et al., 2008）。

3 Allocca, 2018 = 2019: 19

4 ニコニコニュース編集部, 2016

5 Autonomous Sensory Meridian Responseのこと。人が聴覚などへの刺激によって感じる心地良い反応や感覚を指す（Lloyd et al., 2017）。

6 家族5人までが月額1480円で利用できる「家族プラン」と学生が月額480円で利用できる「学生プラン」もある（2022年3月現在）。

7 テレビのHDMI端子に接続することにより、様々な動画配信サービスのコンテンツをテレビで観られるグーグルが開発した小型のデバイス。

8 ブログサービスなどを提供する（株）はてなが任天堂と協力して開発した。

9 テレビリモコンにはYouTubeボタンなどなく、テレビ画面上のアイコンをリモコン操作の矢印ボタンなどで選択する形であった。また事前の設定も煩雑であった。

10 総務省情報通信政策研究所, 2018

11 TBS NEWS DIG Powered by JNN として提供。

12 Global Media Insight, 2022

13 ニールセン, 2021

14 博報堂DYメディアパートナーズ メディア環境研究所「メディア定点調査2021」では、東京における全年代平均でパソコン78.3分、携帯電話／スマートフォン139.2分、タブレット端末36.1分で合計248.6分。

15 App Annie, 2021

16 Mohan, 2021

17 グーグルトレンドのデータによる。

18 総務省情報通信政策研究所, 2018

19 タイプ（1）の中には、（あ）動画とは別画面に表示されるディスプレイ広告、（い）動画再生前後や再生中に表示される動画広告（スキップ可能なものとスキップ不可のものがある）、（う）動画再生前に表示されるスキップ不可の6秒以内の動画広告（バンパー広告）などがある。

20 大原, 2021

21 UUUM株式会社決算資料をもとに2020年5月期第1四半期から第3四半期までにわたって算出した。

22 1番人気の動画の再生回数は2番目に人気の動画の再生回数の「1.5倍」と変えると、10本の場合、1番人気が11149回、10番人気が290回で合計32866回となる。つまり「2倍」に比べて1位の再生回数は減るが、10位の再生回数は増える。

23 ここでは日本語圏の話をしている。仮に英語圏であれば広告単価も上昇するので、事情は変わってくる。

24 デジタル情報財（音楽）において、「スーパースター」が生まれやすくなっている実情、その裏返しとしての売れないアーティストの実情についてはKrueger（2019）に書かれている。

25 スーパーチャット（投げ銭）を送るとグーグルに手数料を30%とられる。さらにYouTubeアプリから送るとアップルにも約18%の手数料を取られる。したがってここでは「30%強」としており、33%で計算している。

26 広告以外の「その他」収益として81億ドルが計上されており、スーパーチャットからの手数料収入はその一部に含まれる。

27 Wojcicki & Goodrow, 2018 = 2018: 236

28 Wojcicki & Goodrow, 2018 = 2018: 235

29 Solsman, 2018

30 Facebookを辞めたフランシス・ハウゲンが公開した内部文書では、インスタグラムを頻繁に利用し、他者と自分を比較する場面が増える10代の女性の3人に1人が「自身の身体のイメージを悪化させる」として自尊心を傷つけられることをフェイスブックが把握していたこと、にもかかわらず同社が収益を最優先にしてそれに対して手を打たなかったことが記されていた。

31 Simon, 1971

32 Goldhaber, 1997

33 Liberman & Long, 2018

34 McClintock, 2022

35 グーグル社員が筆者であるWilhelm et al.（2018）では、TikTokと同じ考え方のアルゴリズムが、その時点では研究開発段階ではあるが、報告されている。

第2章

なぜ今、スマホYouTubeアプリなのか？

アーキテクチャと分断、「怠惰な」人間、スマホをめぐるアフォーダンス

第1章では、誕生してから18年目に入ったYouTubeの歴史とそこでどのようにお金が動き、それゆえYouTubeにおいてKPIが「視聴時間」となっていることを記してきたが、ここからは本書に関係する理論および実証の研究を少し紹介しながら、筆者らの研究を位置づけていきたい。

その内容は大きく3つに分かれており、第1節はアーキテクチャと分断に関わるものである。そして第2節では人間の情報処理とソーシャルメディア利用者行動に関するもの、第3節ではスマホというデバイスに関わるものを紹介する。

まずは動画推奨機能に関連したより広い概念である「アーキテクチャ」から説き起こしていこう。

1　アーキテクチャと分断

アーキテクチャとは何か

建築家の吉村順三は「建築家は夫婦を仲良くさせることも離婚させることもできる」と語った。こんな依頼をする夫婦はいないだろうが、玄関は別、寝室も別にして、食堂やリビングルームのような顔を合わせる場所も作らなければ、仲違いさせることができるというのがその趣旨だ。つまり物理的な建築物は人の行動を制限し、やがてその心にも作用する。

より包括的な議論をしているのが法学者のレッシグ（1999）である。彼は人の行動を規制・制御するものには4つがあると言う。「規範」「法」「市場」そして「コード」である。人は規範を意識してある行動を控える。法に罰せられることを恐れてある行動を起こすことをためらう。高すぎる商品は買うことができない。そして後に具体例を示すようにコンピュータのプログラムコードによって行動が規制・制御される。

「コード」は「アーキテクチャ」とも言われ、その言葉どおり物理的建築物とも関連が深い。そして「アーキテクチャ」は社会情報学や情報社会論、メディア論における専門用語として次のように定義される。

人びとの行動を規制・制御するプログラムコードが作るインターネットサービス上の情報環境

つまり建築物の例をサイバー空間にも適用した考え方が専門用語の「アーキテクチャ」である。YouTubeの動画推奨機能はプログラムコードで書かれているのでアーキテクチャの1つであるし、同時にスマホという小さな画面のデバイス上で動くYouTubeアプリが持つ全体アーキテクチャを構成する1つの要素でもある。

動画の推奨に限らず、多数のインターネットサービスには推奨機能が用意されている。Amazonの「よく一緒に購入されている商品」「この商品を見た後に買っているのは？」機能もそうであるし、Twitterにおいてあるツイートを優先的にトップに表示させる機能もそうであるし、Instagramにも同様な機能がある。TikTokで利用者に表示する動画を決める時にも推奨機能が使われている。

推奨機能以外にもアーキテクチャはたくさん存在する。スマホのホーム画面に並ぶアプリのアイコン右上に表示される「通知」の数を示すもの、LINEのトークの吹き出しもそうだ。通知の数は私たちにアプリの起動を促すし、吹き出しが短いメッセージを何度もやりとりさせることに作用している部分はあるだろう。

なかでも強力だとネットメディア事業者が経験的に知っているのが「タイムライン」あるいは「ストリーム」と呼ばれるスマートフォンSNSアプリなどでタテ一列にコンテンツが並ぶ画面を作るアーキテクチャである[1]。私たちは新たなものを求めてついつい下へ下へとスクロールしていき、気がつけば思っていた以上の時間を費やすことが多い。

購入によって収益が生まれるサービス／アプリでは、「購入」ボタンが大きくなっていることはあるし、Amazonの特許でもある「今すぐ買う」ボタン（ワンクリック特許）も楽をして買いたい者にとってはたしかにありがたいが、それがあることで浅はかな意思決定がなされている面も否めない。ホテル予約サービスで「現在このホテルを閲覧している人がほかに164人います」であったり、「残りあと2部屋！」と画面に表示されれば、急いで浅慮のうちに予約するように行動が促されることもあるだろう。

レッシグ流に言えば、そのようなアーキテクチャが予約を考えている者の行動を望ましくない方向に規制・制御しているということになる。

YouTubeの動画推奨アルゴリズム

話をYouTubeに戻すと、そのアーキテクチャの中で特徴的なのは、(1) 推薦候補の生成、(2) 順位づけ、の2段階で構成される動画推奨アルゴリズムを利用したものである。

情報推奨の手法には大きく「コンテンツマッチ」と「協調フィルタリング」の2つがある。コンテンツマッチとは、アイテム同士の類似度を元に利用者にアイテムを推奨する方式であり、事前に各アイテムの特徴を数学的なベクトル量として把握している必要がある。このためアイテム数が膨大になった時には計算量がボトルネックとなる可能性がある。またアイテムの特徴が似ていれば利用者行動とは無関係に推奨されるため、実際には適合性の低いアイテムが推奨され続けることもある。

他方の協調フィルタリングは、「Xが好きな利用者はYも好む傾向があるので、Xが好きなあなたにはYを推奨します」という利用者の類似度を元に推奨する考え方で[2]、最大の利点は蓄積されていく利用者行動データを活用できることである。しかしこれは逆に難点にもなる。「コールドスタート（cold start）」と呼ばれるように、最初期のデータが何もない場合にはある程度の精度を持つ推奨が著しく難しくなるからだ。そしてこのことは先行者、特に巨大な先行者にとっては圧倒的な優位性をもたらす。また、利用者が複数の嗜好を持っている場合にそのそれぞれに対応する推奨を行うことが難しいという点も協調フィルタリングの弱みである。けれどもAmazonの「この商品を買った人はこんな商品も買っています」に代表されるように、推奨システムは利用者の行動データを活用する協調フィルタリング方式をベースに改善を重ねてきた。

YouTubeの動画推奨も動画Aを見た利用者が動画A以外にも見た動画のうち視聴回数の多いものを示した共視聴動画グラフと呼ばれるものが基礎にあるため[3]、大別すれば協調フィルタリング方式である。

近年のYouTubeの動画推奨アルゴリズムには機械学習の成果も利用され、検索語履歴、利用デバイス、性別と年代や居住地などから利用者の類似性が計算され、動画推奨がなされる[4]。また内容が似すぎている動画を推奨すると視聴確率が下がるため、そのような動画を利用者の視聴可能性のより高い動画に置換する「改良」も、2018年時点では研究途上ではあるが、目指されているようだ[5]。

「改良」は今やYouTubeの主な利用端末となったスマホのアプリにおける「ホーム」画面と「次の動画」リストが現れる画面の総称である「フィード画面」の使い勝手の印象向上のために行われているが[6]、「使い勝手」とは表向きの当たり障りのないことばで、実際のところは視聴時間が長くなるように考えられていることは想像に難くない。そしてその背景には、先に記したアテンション・エコノミーの存在がある。

テレビ視聴に影響をもたらした機能としては、リコモン機能と録画機能があり、それぞれザッピング視聴とタイムシフト視聴をもたらした。けれども個人を対象とした動画推奨機能はなかったし、今でもない。つまり動画推奨機能を中核とするネットサービス特有のアーキテクチャはこれまでの動画メディア史において独自であり新しい。

決着を見ない接触する情報内容・意見の偏向問題

このようにアーキテクチャはネットサービスやアプリ上に遍在している。そして推奨機能については、20年以上にわたって個人化される政治情報という文脈でその負の側面が指摘されてきた。

サンスティーン（2001）とパリサー（2011）は、個人同定と情報推奨により繰り返し同じ情報内容や意見に触れることで、人びとの持つ意見が偏り、理性的な判断力を低下させること、そして誰もが知るべき論点とそれに関する多様な見解が共有されなくなる結果として民主主義が危機に瀕することへの懸念を理論的に示した。パリサーの造語である「心地よい情報だけが届くフィルターに守られた泡」を意味する「フィルターバブル」や同じ音が繰り返し鳴り響く反響室を指す「エコーチェンバー」[7]という語は、2016年の英国ブレグジット選挙と米国大統領選挙以降、メディア研究者やジャーナリストに限らず一般人の口の端に上ることが増えた。

けれどもテキスト中心のSNSにおける内容や意見レベル[8]では、情報推奨によって接触する情報内容や意見の偏向をもたらすとする立場とそうではないという立場があり、決着は見えていない。

接触する情報内容や意見の偏向を支持する研究としては、ツイッター利用者がフォローする利用者群はたいてい政治的に均質であり、イデオロギー（意見）をまたいだコンテンツにさらされる可能性は低いという報告がある。[9]また2016年米国大統領選挙期間中の政治的情報のリンク・流通構造を分析した研究では、ニュース記事のフェイスブックでの共有実態は右派のトランプ支持者が非常に限られたメディアのみに接触し、そこから発せられたニュースを拡散・共有するという結果が見られた。[10]

さらに2016年の米国大統領選挙では、ケンブリッジ・アナリティカ社がSNSの利用者データを駆使したマイクロターゲティングで作った「数千万種類の政治的メッセージ」[11]に繰り返し接触させることによって、投票しないと考えていた者を投票に向かわせ、また政治的メッセージの配信者が意図する候補者への投票を促すことも可能になったとされる。

けれどアルゴリズムを用いた推奨機能によって利用者が自分のイデオロギーに一致した情報だけに触れるわけではないという研究報告もある。代表的なものは、アルゴリズムにより情報の並べ替えを行うフェイスブックにおいても利用者はリベラルから保守までの比較的幅広い内容や意見の政治情報を目にしていることを実証したものだ[12]。

またフェイスブックとツイッターの比較分析を行った研究では、2つのSNSいずれでも政治的信条に合致した情報内容に偏って人びとが接触している実態が示されている[13]。2つのうちフェイスブックは推奨アルゴリズムにより情報の表示順が決まり、かつ優先順位の低い情報が時に間引かれるのに対し、ツイッターは推奨順位の高いものが優先的に表示されるだけでツイートの時系列順での表示も可能となるので、この結果はそのタイプの異なる両者でリンク・流通構造が酷似していたということである。つまりアルゴリズムの接触情報内容や意見への影響は軽微で、人が自ら選択した情報源から得る情報内容や意見が分極化への影響では重要であるという解釈が可能な結果が示されたわけである。

日本のインターネットによる「分断」研究

SNSに限らない日本のインターネットメディア利用と「分断」の状況についての研究に辻（2021）があり、分断を、①対立する意見に接触し比較考量する機会が失われること（接触内容や意見レベルの分断）、②社会的弱者の声が政治に反映されにくく、強者の声は反映されやすいという分断、③政治的分極化の3つに分けている。

本章で直前に紹介した研究の多くはSNSに限っての①についてのもので、辻はそれを「対立する声を受動的に耳に入れる（hear）回路の『分断』」と表現する。けれども同書中で北村（2021）は、インターネットメディア全般が内容や意見レベルの選択的接触や選択的回避を促進するとは言えないこと、別の言い方では、リベラルに肯定的内容のニュースにも保守に肯定的な内容のニュースにも多くの者が触れていることを示している。つまり①のタイプの分断は起きていないということだ。

対して辻は③を、「声の響きに積極的に耳を傾ける（listen）回路の『分断』」と表現する。これは、③の分極状態になると自分の信念と反対の情報を無視するようになるという、人に備わっている確証バイアスが頭をもたげてくるからである。
なお、②は人気の情報が優先的に表示される推奨であれば起こるので、ランキングページの存在がこれを助長している可能性はある。たとえばグーグル検索結果でのウェブページの並び順は、個人化もされているが、クリック率という利用者行動全般も反映したものなので人気順のランキング傾向も持つと考えられる。

接触ジャンルでの分断

以上の3つとは別に、④重要な政治的な話題に接触する機会が失われ、そのような話題に触れる層と触れない層との「分断」も理論的に考えられる。つまり④の「分断」は、①の接触する内容や意見のレベルではなく接触ジャンルレベルの分断である。大胆に言えば、政治的参加、すなわち有権者であることを活用する者と放棄する者との間の分断であるが、北村（2021）は、政治関連のニュースをインターネット全般で見る／見ないには大きな差があると論じ、この種の分断を確認している。
④の「分断」についての研究にはプライアー（2005）もある。プライアーはテレビや新聞に比べてインターネットはカスタマイズ性が高い高選択メディアだとした。そして高選択メディアを利用している場合には相対的に娯楽系コンテンツの選好程度が高まり、そのことが娯楽系コンテンツへの接触に偏らせ、利用者は政治的情報の獲得機会を失うとした。つまり政治的情報の内容や意見（党派性やイデオロギー）ではなく、より上位に置かれる視聴ジャンル（ニュースか娯楽か）での分断可能性を示した。
インターネットサービスにおいても、ポータルサイトのように誰もが同じ情報に接触するタイプの低選択メディアとして機能する場合もある[14]。しかしYouTubeにおいては幅広いジャンルの動画が視聴される[15]高選択メディアと考えられるので、政治的情報に代表されるハードコンテン

ツへの接触機会が失われる可能性が考えられる。
　高野ら（2020）はABEMAでのチャンネル変更時にニュース番組のチャンネルへ偶発的に接触することが多いと、新聞社などのニュースサイト、紙の新聞、テレビ等の大手メディアの利用頻度も高いという結果を報告したが、これは視聴ジャンルレベルでの分断を回避したいという問題意識に基づく研究である。けれどもジャンルレベルでの分断を扱った研究は内容や意見レベルのものほどは多くない。
　この視聴ジャンルでの分断をYouTubeという動画サービスのアプリ利用時に限って、特に動画推奨機能との関係で見て行くことは本書の研究課題の1つである。

2 「怠惰な」人間

情報処理の理論

　次により一般的な私たちの情報処理に関わる「精緻化見込みモデル」と「印象形成の連続体モデル」を紹介しよう。
「精緻化見込みモデル」[16]では、あるメッセージについて、(1) 考えようとする動機、(2) 適切に処理できる能力や時間、の両方がある場合は「中心ルート」を経て、情報処理がされると想定する。その時、メッセージ内容に説得力があるか否かが吟味され、態度変容の方向が決定されるが、変更された態度は持続しやすいと考えられている。
　一方、そのメッセージ内容について考えようとする動機が弱かったり、適切に処理できる能力や時間が乏しかったりすると、情報処理は「周辺ルート」を経るとされる。この場合、メッセージの内容とは無関係な、送り手が誰か、送り手が魅力的か、メッセージをよく目にするかといった周辺的な手がかりで態度変容の方向が決定され、その変容した態度は不安定で持続しにくいとされている。
「印象形成の連続体モデル」[17]でも2つの過程が考えられている。1つ目は

「カテゴリー依存処理」で、もう1つは「ピースミール処理」である。なお印象形成とは、人の性格や能力などを判断することを想像してもらえば良いだろう。「カテゴリー依存処理」では、対象人物をあるカテゴリーの一員と見なし、判断する人がそのカテゴリーについて持っている知識や感情に基づいて対象者の印象がそのカテゴリーの典型として形成される。他方の「ピースミール処理」では、対象人物に固有の属性を個別に検討し、さらに個別の検討結果を統合して印象を形成する。

ここまでの2つのモデルに共通する大事な点は2つあり、1つ目は「中心ルート」と「ピースミール処理」は心理的・認知的な労力がかかる一方、「周辺ルート」と「カテゴリー依存処理」は心理的・認知的な労力がさほどかからないということである。そして2つ目は「印象形成の連続体モデル」の「連続体」という部分に表れているのだが、まず労力のかからない「カテゴリー依存処理」から始まり、徐々に「ピースミール処理」による印象形成に移行すると流れが想定されている点である。

また「精緻化見込みモデル」で思い出して欲しいのは、情報について考えようとする動機、適切に処理できる能力、さらには時間のすべてがある場合のみ「中心ルート」を経る情報処理が行われる点だ。つまりそれらの条件のすべてが揃わない多くの場合は、心理的・認知的労力のかからない「周辺ルート」で情報が処理されていると考えられるわけである。

非常に簡単に言ってしまえば、人間は労力のかからない情報処理に向かいがちだということだ。

システム1／システム2と情報過多

これらの2つのモデルと関係が深いのが、「システム1」と「システム2」という人間に備わった2つの認知プロセスである。心理学者のカーネマン（2011）が示したもので、聞いたことのある読者もいるのではないだろうか。「システム1」は自動で高速、努力は不要かわずかで、無意識に作動して止まれないプロセスのことだ。「システム2」は注意力が必要で、これを作動させた2つの作業の同時処理は困難で、加えて長期記憶に依存して時間がかかるプロセスである。彼の書籍のタイトル『ファスト＆スロー』はそれにちなんでいる。

人間において主役は「システム1」である。たとえば熱い炎に触れた時に私たちは即座に手を引っ込めるが、この時に作動しているのは「システム1」で、処理時間のかかる「システム2」を使っていてはやけどを負ってしまう。つまり人間の認知システムは低コストでの判断がなされるように非常によくできているのである。けれどもカーネマンは主張する。「必要に応じてシステム2も作動させないと正しい意思決定はできない」と。

コンピュータ・シミュレーションによる結果だが、関連して次のようなことが示されている[18]。利用者の注意力が十分にある場合は、質の高いニュースほど共有される度合いが高い。けれども情報過多の度合いを示す変数を大きくしていくと、ニュースの質とそれが共有される度合いの相関関係がなくなるというものだ。つまり情報過多の状態では、フェイクニュースが拡散する確率が高まるという結果である。カーネマン流に言えば、ニュースを転送することは1つの意思決定なので、質の高いニュースを転送するのであれば、そこでは「システム2」が作動するべきだということになる。

また「システム1」と「システム2」の延長に位置づけられる理論に、北島・豊田（2013）の「脳構造マクロモデル MHP/RT[19]」がある。そのモデルの第1の特色は「システム1」と「システム2」が並列分散で作動し、時に協調、時に競合しながら情報処理を行うと考えている点だ。つまり前述の「連続体」という直列の流れではない。

また第2の特徴は、人のその時に置かれている状況を意識している点だ。単純化して言えば、短時間のうちに情報処理をしなくてはいけない場合は「システム1」が優勢になり、時間的余裕があれば「システム2」

を優勢にすることができる。[20] そしてこの第2の特徴は、なぜ情報過多になると人は正確な／有効な意思決定ができなくなるのかの理由にもなっている。

「怠惰な」人間

先ほど、「分断」の1つである③政治的分極化の状態になると、自分の政治的信念と反対の情報を無視するようになるという、人に備わっている確証バイアスについて述べたが、その政治的信念と「システム1」および「システム2」の両者の作動を睨んだ一連の研究も紹介しておこう。

ペニークックら（2019）は、確証バイアスの存在から、共和党支持者は共和党にとって都合の良いフェイクニュースを事実と見なすと予想し（民主党支持者でも同じ）、また共和党支持者は共和党にとって都合の悪い事実報道を正しくないと見なすと予想した（民主党支持者でも同じ）。そしてウェブサイトで民主党／共和党支持者が引きつけられそうな事実報道とフェイクニュースの記事タイトルを調査協力者に見せて、ニュースの正確さを4段階[21]で回答してもらった。

ところが調査の結果は予想とは違った。どちらの党の支持者も政治的信条に関係なく、フェイクニュースを事実と見なす傾向は「直感派」が「熟慮派」[22]に比べて有意に高かった。さらに、事実報道については、どちらの党の支持者も自分の信条に合わない事実報道を正しくないとは見なさなかったのだ。[23]

この結果についてのペニークックらの解釈は、“Lasy, not biased” という論文タイトルに示されたように、人間は怠惰であって、そもそもシステム2を作動させようとしないというものであった。つまり「連続体モデル」の考え方に着目したものである。あるいはもし調査協力者が仮に相応の情報過多を感じているとすれば、情報過多という状態を考慮に入れる「脳構造マクロモデル」の考え方を使って説明することも可能である。

理性が立ち上がる可能性

続いて公表されたペニークックら（2021）では、Twitter社の協力も得て、利用者にはわからないように実環境での介入実験が数日間にわたって実施された。対象者は以前に信頼性に乏しいメディア[24]が報じた記事をツイッターで拡散していた5379アカウントで、そのアカウントがニュース記事をツイートしようとした時に、ツイート投稿前の画面の冒頭1行に「この見出しはどれだけ正確だと思いますか？」の文言をランダムに挿入し、見出しの正確さへの回答も求めたのだ。

するとメッセージを挿入した場合では、挿入しない場合に比べて、信頼性の低いメディアが報じた記事をツイートする頻度が下がった。この結果はメッセージ挿入によって、「システム2」の作動がなされるケースがあり、つまり少しは考えるようになった実験参加者が増えたからだと解釈されている。これは「投稿時にひと手間かけさせる程度のコスト上昇」[25]が生じるアーキテクチャと言えるだろう。

ペニークックは自身の立場をはっきりとは表明していないが、慢性的な社会レベルでの情報過多によって「システム1」が優勢になりすぎている状況を好ましいとは思っていないはずである。なぜならば、彼が「この見出しはどれだけ正確だと思いますか？」の文言を挿入するという解決策を提案しているからである。

同じような立場をとっているのが、一般的には良いとされる「共感」を「情動的共感」と「認知的共感」とに分けて、『反・共感論』という書物をものしたブルーム（2016）である。「情動的共感」は「システム1」に対応し、「認知的共感」は「システム2」に対応するもので、SNSの上で大勢を占める「情動的共感」だけでは望ましくない意思決定が行われるという主張である。そしてブルームの場合は、理性や合理性に期待すると明言している。

システム2は良い解を生み出すのか？

けれども問題はさらに複雑である。なぜならば、「システム2」を用いて人びとが熟考を行った場合に、はたして良い答が出るのかという問題もあるからである。つまり人が「システム2」を作動させたとしても、それは「システム1」によってすでに結論が出ていることに対する後からの合理化にすぎない場面が多いのではないかということだ。

わかりやすい例で言えば、ある嫌いな人物が出した施策について、「反対してつぶしてやろう」という立場が決まっていて、議論の中での新しい情報によってその立場が変わることはけっしてなく、逆につぶすために合理的なロジックが「システム2」によって作られるという話だ。

ロードら（1979）が、死刑の有効性を支持する結果を示した論文と有効性を支持しない結果を示した論文の両方を実験参加者に読ませて評価させた実験では、査読者にあたる実験参加者が自分の立場とは異なる論文を低く評価していたこと、しかも異なる立場の論文に対しては「しっかりと精査した上で」低い評価を与えたことが示されている。信念によって「システム2」の作動そのものにバイアスがかかってしまうという例である。

実は先に紹介した辻（2021: 213）でも、一連の実証研究を経た上で、好き嫌いに代表される「感情」による対立がまず日本の政治状況においてあり、それが見かけ上の保守 - リベラルの分極化、すなわち合理性に基づいた意見の対立となって現れているように見えているのではないかというモデルを最終的な結論として提示している。これも大きくは同じ考え方である。

3　スマホをめぐるアフォーダンス

スマホは特別な存在？

おさらいをすると、アークテクチャとは「人びとの行動を規制・制御するプログラムコードが作るインターネットサービス上の情報環境」であった。つまり基本的にソフトウエアの話である。けれどもスマホというハードウエアとその上で作動するアプリという、ハード＋ソフトという拡張的な情報環境を考えた方が良いのではないかという見方を筆者らは持っている。それがYouTubeのスマホアプリに着目した理由の1つである。

アンディ・クラーク（2003）は、人間は言語や様々なテクノロジーを自分たちの知性の一部とすることで、すなわち人間とテクノロジーの両者を含む「系」として進化してきたと論じた。だから同書のタイトルは『生まれながらのサイボーグ』となっている。

彼は基本的にはテクノロジー楽観主義者[26]であるけれども、「携帯電話は（中略）生まれながらのサイボーグの第一波（ペン、紙、図表、そして一世を風靡しているデジタルメディア）と第二波の間の決定的な転換点を画するものだということになるかもしれない」とも述べている。つまり外部資源を巧みに取り込む「可塑性」を持つ人間の脳および身体に対して、より個人にカスタマイズされ常時オンラインで人間と動的に連携する携帯電話は、良くも悪くも働きかける程度は一段高いと見ているわけだ。

スマホはYouTube視聴の第1端末

20～54歳までの男女スマホ動画視聴者を対象とした2019年11月と2020年10月の筆者らによる調査[27]では、「自宅にいてスマホで動画を視聴する時間」の概算値は44.3分と46.9分であった。また「電車やバスなどの公共交通機関」に乗っている時では6.0分と7.4分、「自宅以外の建物内」にいる時では9.0分と6.7分であった。つまりスマホでの動画視聴時間は自宅が圧倒的に長い。そしてこの数値は「自宅にいてパソコンで」よりも「自宅にいてタブレット端末で」よりも長い。

またスマホのみでのYouTube利用者は、20代で81%、30代で79%、40代で66%となっている。[28]つまりYouTube視聴の第1端末はスマホであり、コロナ禍の2020年においてスマホYouTubeアプリの1カ月平均利用時間は21.4時間と前年の18.3時間から伸張した。[29]

スマホが持つアフォーダンス

スマホでの動画視聴時間が長くなる理由の1つは、人間にとってスマホが「すぐに手に取らせる」アフォーダンスを持っているからだろう。

アフォーダンスとは、知覚心理学者のギブソン（1979）が提唱した次のような仮説である。すなわち生物が知る世界の「意味」は神経による情報処理によって作られるのではなくて、外界の客観的構造としてすでに存在しているというものだ。わかりやすく言えば、心に何らかのイメージを描くことなく、物の持つ意味が直接に行動を引き起こすということである。たとえば腰よりも少し低い位置に平らな面があれば人はついそこに腰掛けてしまうし、草が倒れて踏みならされている箇所があれば人はその箇所を道と見なしてついつい歩いてしまう。

自宅であれば、混雑した電車内のように狭い空間での動きが強いられる場面もないだろうし、また周りの目を気にする場面も少ないだろうから、スマホはそのアフォーダンスにしたがって手に取られることが多いだろう。それが自宅でのスマホの利用時間を長くしている理由の1つである可能性は高い。

そしてひとたびこのハードウエアを手に取れば、スマホのホーム画面にはアプリの通知が届いている。そして気になるアプリを開けば、今度はアプリのホーム画面にタイムラインで新しいコンテンツが並んでいる。したがってついつい読んだり見たりしてしまうわけだが、こちらはすでに説明したソフトウエアの「アーキテクチャ」が持つアフォーダンスによるものだ。

このようなアフォーダンスを利用してサービス提供者の利益を高める方へ利用者を意図的に誘導する方法を「ダークパターン」と呼ぶが、[30]

そこでは先述のカーネマンの「システム2」よりも「システム1」の方がまずは作動してしまうという人間の特性を応用している場合もある。

もちろんこのような人間の特性やアフォーダンスという概念がいつも悪用されるわけではまったくなく、認知科学者であるノーマン（1988）は、物がどのような性質を持つものかが人に直観的にわかりやすいようにデザインされているかという人間中心デザインの文脈でアフォーダンス概念を使った[31]。たとえばドアに把手がついていれば、それも引き手がついていれば、ドアを手前に引いて開けるのだということが人にはわかりやすいというように。そしてこの考え方はウェブページやアプリのデザインでも応用されている。

PC＋ブラウザでのUIとスマホアプリのUI

ここまで書いてきたように、人はそれほど理性的な存在でもなく、「怠惰」でもある。したがってハードウエアやソフトウエアが持つアフォーダンスによって行動を方向づけられることがあるだろうが、その規制力はスマホの場合にPCよりも、より強くなる可能性が高いと考えられる。それをYouTubeの例から示してみよう。

次頁の図2-1は左にPCでのYouTube利用時のウェブブラウザ画面、右にスマホアプリのホーム画面を並べたものである。ユーザーインターフェイス（UI）の違いとして一目でわかるのは、PCでウェブブラウザを使って利用した場合の方が、たくさんの動画が一度に目に入ってくるということである。スマホアプリの場合は、ホーム画面の最初には広告が、その後には動画がタテ一列に並ぶが、それらを示すサムネイル画像は大画面スマホでもせいぜい3つしか目に入らない。

この差が何をもたらすかと言えば、PCの方が多数の動画を吟味した上で1つが選択されることが多く、結果的により自分が視聴したいと思う動画が選ばれることが多いだろうということだ。選択肢が多いと複雑な思考が必要となることから、よく考えての選択が行われることが多い

図2-1　YouTubeのPCでのUIとスマホアプリでのUI

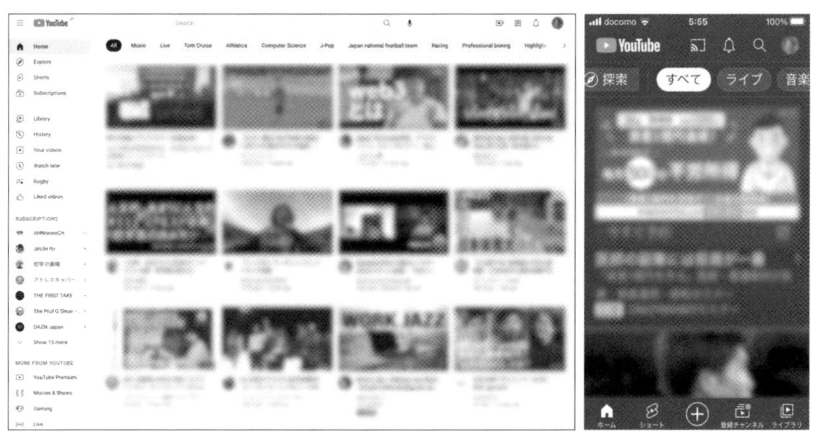

いずれも筆者撮影

と書けば、わかりやすいだろうか。一方のスマホでは、画面から消えて何となくしか覚えていないものとその時に目にしている動画のサムネイルとの比較が簡単に行われて、直観的に見てみようと思うものがあれば、その動画が選ばれていることが多いだろう。

またPCでの利用であれば、ウェブブラウザの左端にタテに並んでいる「Explore（探索）」や「Shorts（ショート）」、上部にヨコに並んでいる「Music（音楽）」をクリックして現れる画面をブラウザにブックマークでき、そこを自分のYouTubeのホーム画面と設定することもできる。けれどもアプリの場合は起動時に開く画面を「ホーム」以外に変更できない。つまり利用者はまず動画推奨アルゴリズムが機能している「ホーム」から動き出すようにその行動がアーキテクチャによって制御されている。

PCとスマホ、あるいはスマホ画面サイズの差

ここまでPCとスマホでのYouTubeのUIの違いについて考えてきたが、これらに関連する研究を2つ紹介しよう。

1つ目の研究はスマホとPCの比較に着目したもので、動画ニュースを見る場合、スマホの画面で見るとPCの大画面に比べて認知的関与[32]が低下することが示された[33]。つまり、人はスマホの画面ではさほど注意を払うことなく動画ニュースを見る傾向があるということだ。

2つ目は、スマホの画面サイズと広告から感じる信頼の種類の関係を分析したもので[34]、しかも「テキスト広告」と「動画広告」という情報のリッチさの差にも着目したものだ。結果は、実験参加者がテキスト広告に接触すると、4インチと5.4インチの画面サイズのいずれでも「システム2」が中心的に作動し、広告主に対して理性的な信頼が獲得された一方、動画広告に接触すると、「システム1」が中心的に作動し、広告主に対して感情的な信頼が獲得されたというものであった。つまり同じスマホで接触しても、テキスト広告と動画広告では基本的な認知処理方式と得られる信頼の種類が異なったわけである。この結果は「精緻化見込みモデル」と整合的なものである。

加えてこの研究が明らかにしたことは、動画広告の場合、スマホの画面サイズが大きいと、感情的信頼だけが上昇することであった。つまり大画面スマホで広告動画を視聴する場合、人はより理性的存在ではなくなり、感情的存在になる傾向を持つということだ。

スマホの大画面化は一段落したが、スマホ向け動画広告の市場規模は拡大しており、その傾向は今後もしばらくは続くだろう。だとすれば、直観的で感情的な情報処理の方が思慮深く理性的な情報処理よりも多くの場面で見られるようになっていくのだろう。

もちろん2つ目の研究は動画広告に関してのもので、メインの動画コンテンツを対象としたものではない。それらを同一視することには慎重になる必要はあるし、YouTubeに限っても、そこに投稿されるすべての動画が人びとの注意を惹きつけるために、すなわち感情的な共感や信頼を得るために工夫を凝らしているというのは言いすぎである。

けれども全体の傾向としては、動画の視聴がスマホによって一般化する中で、テキストの時代以上に感情が支配的になり、理性の登場することの少ないメディア環境あるいは情報接触環境になっていくことは、人間に備わる認知プロセス面から考えると避けられないように思われる。

本章では、筆者らがなぜスマホのYouTubeアプリを対象に実証的研究を行ったのかを関連研究を紹介しつつ位置づけてきたが、内容を整理しつつ振り返ろう。

(1) アテンション・エコノミーという背景もあり、インターネット上の「アーキテクチャ」は一定の影響力を私たちの行動に対して持っていると考えるのが妥当だろう。

(2) 情報推奨アルゴリズムが私たちの接触する情報内容や意見の偏向をもたらすかは、決着がついておらず不明である。

(3) インターネット全般では、接触情報ジャンルには人によって差がありそうである。しかし情報推奨アルゴリズムが私たちの接触ジャンルに対して一定の影響力を持つかは、研究蓄積が少ないこともあり不明である。

(4) 人間の情報処理プロセスには「システム1」と「システム2」がある。システム1は非常によくできたものだが、時にはシステム2を作動しないと適切な意思決定はできず、また情報過多の状態になると適切な意思決定が困難となると考えられる。

(5) PC＋ブラウザの組合せよりも、小画面のスマホ＋アプリの場合、それも動画サービスの場合、より直観的な判断を行ったり、人間の「怠惰な」面が見られる場面が多そうである。

以上の整理に従えば、スマホアプリでの動画視聴実態を推奨アルゴリズムと動画ジャンルの関係から見ていく作業は意味のある作業となるだろう。とはいえすべての人がYouTubeスマホアプリのアーキテクチャに同程度の影響を受けているわけでもなく、またすべての人がYouTubeアプリで同じようなジャンルの動画を視聴しているわけではないはずだ。つまりスマホアプリのYouTubeの利用者行動を解像度高く見て行くためには、少なくともアーキテクチャの利用パターンによってグループ分けすることが必要だし、動画ジャンルの視聴パターンによるグループ分けも必要だろう。

次の2つの章では、その「アーキテクチャクラスター」と「動画ジャンルクラスター」を説明したい。

---

1 佐々木, 2018: 434
2 Resnick et al., 1994
3 Baluja et al., 2008
4 Covington et al., 2016
5 Wilhelm et al., 2018
6 Wilhelm et al., 2018
7 Jamieson & Cappella, 2008
8 「内容」も「意見」も第4章第1節で登場する「動画ジャンル因子」の下位に相当する。「政治・経済・社会のニュース・報道・ドキュメンタリー」は内容であり、このうち政治ニュースで保守もしくはリベラルに対して好意的もしくは否定的な内容の違いが意見にあたる。本書では内容レベルからジャンルに該当する因子を抽出しており、意見レベルでの調査をしていないが「保守もしくはリベラルに対して好意的もしくは否定的な内容」について、通常の会話では「内容」ということも多いため、ここでは「内容や意見」とまとめて記している。
9 Himelboim et al., 2013
10 Faris et al., 2017
11 Wylie, 2019 = 2020: 26
12 Bakshy et al., 2015
13 Faris et al., 2017
14 Kobayashi & Inamasu, 2015
15 小寺, 2012; 佐々木, 2019
16 Petty & Cacioppo, 1986
17 Fiske & Neuberg, 1990
18 笹原, 2018

19 MHP/RTとはModel Human Processor with Real Time Constraintの略である。

20 具体的な時間制約についてはNewell（1990）の「人間の行動に対する時間尺」が参照されている。10^{-4}（秒）での判断は細胞レベルで行われる無意識なもので、10^{-1}（秒）ではそれが意識にのぼる。10^{2}（秒）では合理的判断が可能になり、10^{5}（秒）＝数日では他者と相互作用をしながら合理的な判断ができるようになる。

21「事実と思う」から「ウソと思う」までの4段階。

22「直感派」と「熟慮派」は「バットとボールは合わせて1100円です。バットはボールよりも1000円高いです。ではボールはいくらでしょう」というような認知的熟慮性課題（CRT）によって事前に測定されている。正解はバット1050円、ボール50円だが、「直感派」はバット1000円、ボール100円と誤答することが非常に多い。

23 つまり事実報道をウソだと見なす傾向については、「直感派」と「熟慮派」には有意差がなかった。

24 メディアの信頼性の高低はプロのファクトチェッカーを対象にした調査で計測された。たとえば高信頼のメディアにはワシントンポスト、NYタイムズ、CNNがあり、低信頼のメディアにはブライトバートやデイリーコーラーがある。

25 佐々木, 2018

26 ただし同書第7章では害悪も示され、9つの克服すべき課題が論じられている。

27 佐々木・北村・山下, 2021a

28 ニールセン, 2019

29 App Annie, 2021

30 Bringnull, H., 2010

31 Norman, D., 1988

32 注意と覚醒の程度を測る心理生理学的指標を用いて計測された。

33 Dunaway, J., & Soroka, S., 2021

34 Kim, K. J., & Sundar, S. S., 2016

第3章
アーキテクチャクラスター

ところで読者は、なぜ現代人はこんなにも動画を見てしまうのだろうかという問いを考えてみたことがあるだろうか。

2020年に他界した哲学者のスティグレール（2001）は「それは、見ているだけでいいからだ」と答えた。厳密には、彼の答えは「なぜテレビを見てしまうのか？」という問いに対するものだが、その趣旨は「映像というものが私たちの注意に強く働きかけ、またさして考えることなく見ていられるから」である。「そしてわれわれの時間を失う」とその先の帰結を彼は憂えた。

同じく哲学者のドブレ（1994）は視聴覚媒体が主流となり書物が力を失う時期を「映像圏（ビデオスフェール）」と呼んだが、仮にテレビ放送の開始時期からとすれば、私たちはこれを70年ほど経験してきた。だがインターネットを流通経路としたこととスマートフォンの普及によって生じたコンテンツの大量性と多様性、そして個人化という新しい事態についての私たちの経験は10年にも満たない。

前述のメディオロジー一派の哲学者は書物を好み、1人で思索する時間に価値を見出す。だから人びとの動画視聴時間が伸びていくことには賛意を持っているとは言い難い。しかしテキストよりも情報量に富む動画が人びとの学習に寄与し、思索やアイディアを誘発することもあるだろう。つまりそれが動画であっても「何をどう視聴するかはやはり人しだい」なのではないか。

本書では「どう」は利用アーキテクチャで、「何を」は動画ジャンルである。そしてどのアーキテクチャを組み合わせて使っているかのパターン、どういう動画ジャンルを組み合わせて視聴しているかのパターンによって「クラスター」と呼ばれる人の集まりを作って分析することにした。これによってアーキテクチャAしか使わない人たちのアプリ視聴時間が短いとか、動画ジャンルBとCを両方ともよく視聴している人たちの視聴時間が極端に長いといったことが見えてくる。

本章ではこのうちアーキテクチャクラスターについての理解を進めるが、データとして用いたのは以下の2つのウェブアンケート調査で得られたものである。

(1) YouTubeアプリ2020年調査
(2) YouTubeアプリ2021年パネル第1調査

詳細は付録に示したが、いずれも対象者は中学生を除く15～49歳までの1都2府5県[1]在住の男女で、回答者条件は「私的に使用する自分専用のスマートフォンを持ち、スマートフォンのYouTubeアプリを過去7日で1回以上利用した者」とした。

なお本章の構成は、YouTubeアプリのアーキテクチャを説明した第1節、アーキテクチャ因子について見る第2節が前半となる。そして第3節で2020年の5つの、2021年の7つのアーキテクチャクラスターを記述し、最後の第4節で2カ年の主に変化についてまとめている。なお読みやすさのため、アーキテクチャ因子についての本文での記述は2021年データだけにとどめ、2020年データの詳細は付録に示した。

1　アプリのホーム画面と利用可能なアーキテクチャ

次頁の図3-1は2021年パネル第1調査時のYouTubeアプリのホーム画面で、利用者がアプリを起動するとこの画面が現れる。

画面の最下部には左から「ホーム」「探索」「＋」「登録チャンネル」「ライブラリ」のボタンが並んでいる。「＋」は投稿・アップロードを意味している。また最上部には右から利用者のアイコン、「検索」「通知（ベルのアイコン）」「テレビなどとの接続（キャスト）」のボタンが並んでいる。それぞれをタップすると利用者はその機能を利用できる（次の画面に移動する）が、これらが次節以降で「機能」や「アーキテクチャ」と呼ぶ

図3-1 YouTubeアプリのホーム画面（2021年1月）

筆者撮影

ものである。

このようにYouTubeアプリ利用者には動画を視聴するために「ホーム」「探索」「登録チャンネル」「ライブラリ」「検索」「通知」という多くの機能が用意されており、さらに1本目の動画を視聴していると関連する動画のリストが表示され、そこからも動画視聴が可能である。つまりコンテンツを見るためには起動時の「ホーム画面」（タイムラインやフィード）にほぼ限定されるタイプのSNSアプリとYouTubeのアプリのアーキテクチャ基本設計は大きく異なっていて、この点は重要である。

動画推奨アルゴリズムはYouTubeに特徴的で、それを利用したアーキテクチャは複数あり、アプリ起動時の「ホーム画面」でもそれは利用されている。けれどもツイッターやインスタグラムにおいて利用者がフォローするアカウントを自ら選択するように、YouTubeでも動画配信者のチャンネルを利用者は自ら選択的に登録することができ、ホーム画面下部に表示された「登録チャンネル」部分をワンタップすれば登録したチャンネルのリストが現れる画面に遷移可能である。その時、動画推奨アルゴリズムが利用者に直接に働きかけるわけではない。

またYouTubeアプリで一度動画の視聴を始めると、最下部や最上部にあるアーキテクチャを示すボタンは消えてしまう。「ホーム画面」ならば、視聴動画の画面を下向きにスワイプするなどしてからボタンを表示して戻る必要がある。「ホーム画面」以外のアーキテクチャを使う場合も同様の操作が必要である。このボタンが消える点は他のテキスト中心のSNSアプリやTikTokアプリとは異なる特徴と言える。

2　アーキテクチャの7因子（2021年）

2021年のアーキテクチャ利用頻度

　ではこれらのアーキテクチャをアプリ利用者はどれくらいの頻度で使っているのだろうか。これが第1の疑問となる。

　そこでYouTubeアプリで利用可能な機能を網羅的に選択肢として用意し、YouTubeアプリでの1本目視聴開始時のアーキテクチャ利用頻度を「よくある」「たまにある」「あまりない」「まったくない」の4件法で尋ね

図3-2　2021年のYouTubeアプリでの1本目視聴開始時のアーキテクチャ利用頻度

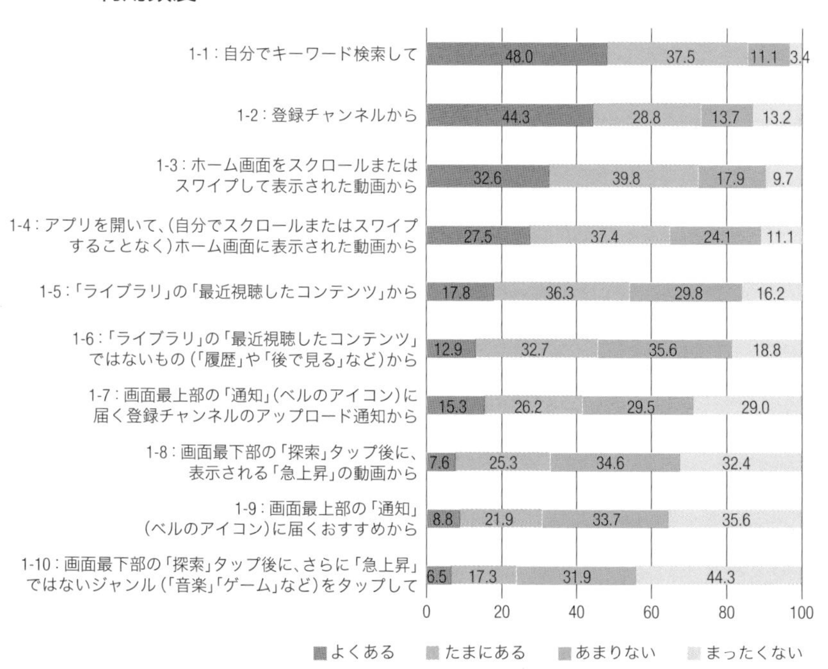

た。その結果を示したのが先の図3-2で、「よくある」に「たまにある」を加えた肯定的回答の割合が高い順に示してある。

「自分でキーワード検索して」の肯定的回答の割合が85.5%となり、最も高頻度で利用されていた。以下、「登録チャンネルから」(73.0%)、「ホーム画面をスクロールまたはスワイプして表示された動画から」(72.4%)、となった。つまり「キーワード検索」「登録チャンネル」「ホーム画面」がYouTubeアプリでの3大視聴スタート地点である。これは2020年でも同様

図3-3 2021年のYouTubeアプリでの2本目以降視聴時のアーキテクチャ利用頻度

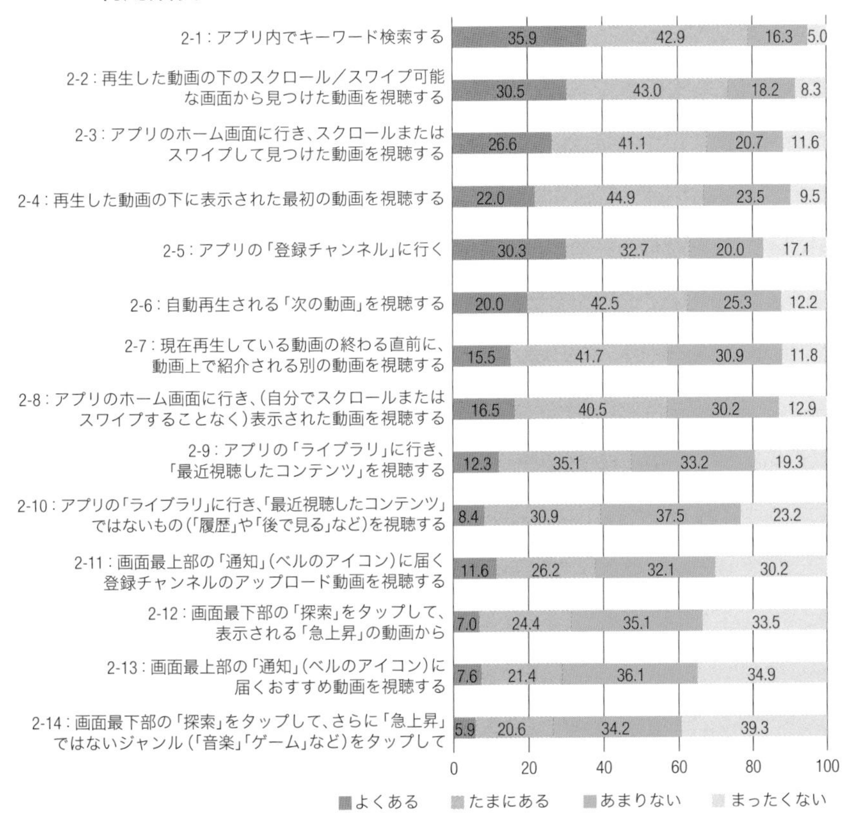

であった。

同じことを2本目以降視聴時のアーキテクチャについても尋ねた結果が図3-3である。「アプリ内でキーワード検索する」の肯定的回答の割合が78.8%と最高頻度で、以下「再生した動画の下のスクロール／スワイプ可能な画面から見つけた動画を視聴する」(73.5%)、「アプリのホーム画面に行き、スクロールまたはスワイプして見つけた動画を視聴する」(67.7%)、「再生した動画の下に表示された最初の動画を視聴する」(66.9%) となった。

1本目と同様に「キーワード検索」が1位である。しかし肯定的回答割合は6.7ポイント下がった。そして2本目以降では直前の動画と関連する動画の紹介機能が利用されることが多い。つまり1本目の視聴は関心に基づく探索的（能動的）視聴の程度が高いが、2本目以降の視聴では推奨された動画を受動的に視聴する傾向が増すことが示されている。これも2020年と変わらぬ傾向であった。

2021年のアーキテクチャ 7因子

2021年調査の1本目および2本目以降の動画視聴時のアーキテクチャ利用についての24項目の回答を合わせて因子分析[2]を実施した結果、次頁の図3-4の7因子が得られた[3]。

因子分析とは観察された変数をその変数よりも少ない数の因子で説明する多変量解析の方法で[4]、ここでの「観察された変数」はアーキテクチャ利用頻度を示す4点満点の得点を指す。つまり24項目を回答傾向の類似性をもとに7つの因子にまとめたということだ。グラフの上部に書かれている「通知」などが抽出された7つの因子名で、これらの総称が2021年の「アーキテクチャ7因子」である。

図3-4の一番左に縦に並んでいる「2-11」や「1-7」といった番号は、図3-2および図3-3の各項目頭についているものと対応しており、その項目の内容を示している。

図3-4 2021年のアーキテクチャ7因子

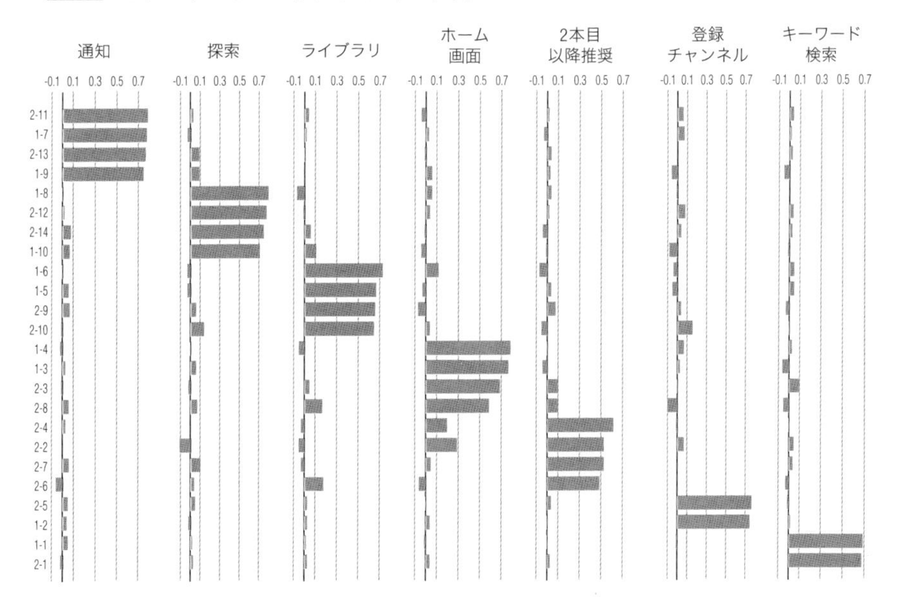

またグラフの横棒は各項目の各因子との関連の深さ（因子負荷量）を示しており、数字が大きくなるほど関連が深くなる[5]。たとえば「キーワード検索」因子では、下から2つの1-1と2-1の項目の横棒が長くなっているが、これは図3-2にある1本目視聴開始時の「1-1：自分でキーワード検索して」と図3-3にある2本目以降の「2-1：アプリ内でキーワード検索する」が大きな数字を示しているということなので、この2項目をひとまとまりと考える。そして共通するアーキテクチャを考えていくと「キーワード検索」であることがわかるので、因子に「キーワード検索」という名前をつけていく。

因子名を整理して利用頻度の平均値と標準偏差を示したのが図3-5である。利用頻度の平均値とは、7因子に含まれる項目の利用頻度得点(「よくある」を4点、「たまにある」を3点、「あまりない」を2点、「まったくない」を1点としたもの）を単純加算し、それを項目数で割った

図3-5 2021年アーキテクチャ7因子の利用頻度

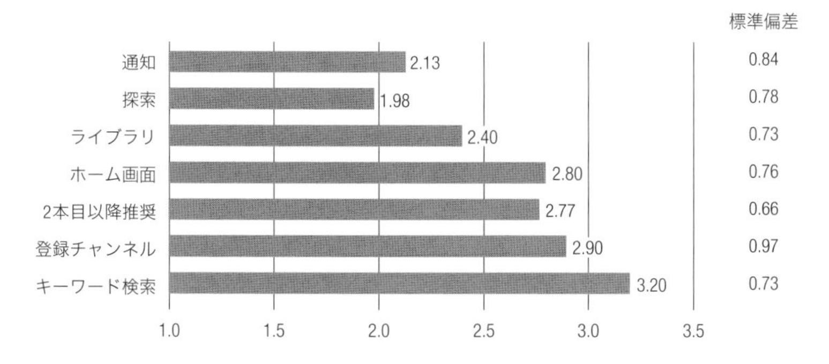

値である。つまり利用頻度の程度を示した指標である。

すると最も利用頻度の高いのが「キーワード検索」、逆に最も利用頻度が低いのが「探索」であることがわかる。また「登録チャンネル」は2番目によく利用されるが、標準偏差が大きく、よく使う人もあまり使わない人もいることがわかる。なお7因子のうち動画推奨アルゴリズムが直接的に機能するのは「ホーム画面」と「2本目以降推奨」である。

アーキテクチャ7因子から見えるYouTubeの安定性と変化

ここまで2021年のアーキテクチャ7因子を見てきた。2020年のデータは付録を見て欲しいが、やはりアーキテクチャ因子は7つが抽出された。機能変更によって2020年の「受信トレイ」因子と「急上昇画面」因子が、2021年にはそれぞれ「通知」因子、「探索」因子に名前を変えているが、同じ機能を繰り返し使う因子が抽出された点は変わらず、しかも7つという数も一緒であった。つまりYouTubeアプリのアーキテクチャは1本目視聴開始時も2本目以降視聴時も同じものを使う傾向があるという点は安定していた。

とはいえ2020年と2021年で変化が見られた箇所もあるので、少し記してみよう。

● 因子の得点平均から見る変化

アーキテクチャ7因子の利用頻度の得点平均を2020年と2021年とで示したものが図3-6である。ただし「急上昇画面」と「受信トレイ」は2020年のデータのみ、「探索」と「通知」は2021年のデータのみとなっている。

7つの得点平均の平均値をとると2020年は2.52点、2021年は2.60点であった。つまり全体としてアーキテクチャの利用頻度は少し上昇した。比較可能な5因子のうち、平均が大きく上昇したものは「登録チャンネル」「ホーム画面」「2本目以降推奨」の3つであった。

図3-6 アーキテクチャ7因子の2020年と2021年の利用頻度

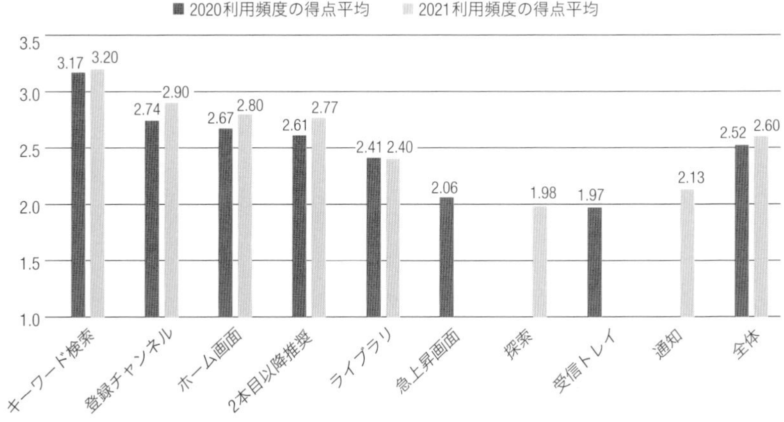

● 因子間の相関係数から見る変化

7つのアーキテクチャがどれほど一緒に使われる傾向を持つかを把握するために、アーキテクチャ7因子の因子間相関係数も見てみよう。

その2020年の結果を示したのが表3-1、2021年の結果を示したのが70

頁の表3-2で、絶対値が0から1までの相関係数が示してある。値が正で絶対値が大きい場合はその2つのアーキテクチャが一緒に使われる傾向が高いことを、逆に負で絶対値が大きい場合はその2つのアーキテクチャが一緒に使われる傾向が低いことを示している。そして相関係数が0に近ければ[6]、2つのアーキテクチャを同時に使う人もいれば、同時に使わない人もいることを示している。

2つの表からまず読み取れるのは、相関係数が0.3以上という場合が半分以上を占めており、全体としては複数アーキテクチャが組合せて使われることが多いということだ。

今、便宜的に相関係数が0.6以上という基準を設けると、2020年では、「ホーム画面」と「2本目以降推奨」(0.66)、「受信トレイ」と「ライブラリ」(0.60)、「受信トレイ」と「急上昇画面」(0.62)の3つの組合せがあった。これが2021年では、「ホーム画面」と「2本目以降推奨」(0.67)、「探索」と「ライブラリ」(0.63)、「探索」と「通知」(0.65)の3つの組合せとなった。これらが特に一緒に使われる組合せだが、「ホーム画面」と「2本目以降推奨」は両年ともに見られる組合せで、いずれにも動画推奨アルゴリズムが働いているので妥当な結果と言える。

表3-1 2020年アーキテクチャ 7因子の因子間相関係数

	キーワード検索	登録チャンネル	ホーム画面	2本目以降推奨	ライブラリ	急上昇画面	受信トレイ
キーワード検索	–						
登録チャンネル	0.16	–					
ホーム画面	0.36	0.38	–				
2本目以降推奨	0.43	0.35	0.66	–			
ライブラリ	0.25	0.35	0.43	0.59	–		
急上昇画面	0.26	0.25	0.53	0.55	0.50	–	
受信トレイ	0.00	0.39	0.35	0.45	0.60	0.62	–

■0.6以上　■0.15未満

逆に相関係数の絶対値が0.15未満の組合せは、2020年では「受信トレイ」と「キーワード検索」の1つのみだった。けれども2021年には5つあり、このうち「キーワード検索」が含まれる組合せが4つを占めた。この理由は「キーワード検索」の利用頻度が非常に高い（2021年の平均値が3.20点）一方で、「キーワード検索」と一緒に他のアーキテクチャを使う人もいれば、使わない人もいるからだと考えられる。利用者数が増えてアーキテクチャの利用パターンが多くなったことを示唆する。

表3-2　2021年アーキテクチャ 7因子の因子間相関係数

	キーワード検索	登録チャンネル	ホーム画面	2本目以降推奨	ライブラリ	探索	通知
キーワード検索	–						
登録チャンネル	0.07	–					
ホーム画面	0.17	0.24	–				
2本目以降推奨	0.42	0.33	0.67	–			
ライブラリ	0.148	0.31	0.34	0.47	–		
探索	0.01	0.11	0.23	0.33	0.63	–	
通知	-0.11	0.48	0.28	0.34	0.58	0.65	–

0.6以上　絶対値0.15未満

3　アーキテクチャクラスター（2020年と2021年）

ここからはこの章の本題であるアーキテクチャの利用パターンごとに2020年、2021年の利用者をクラスター分析でクラスターに分ける作業を行っていこう。結論から言えば、2020年のクラスターは5つ、2021年は7つとなった。

2020年のアーキテクチャ5クラスター

● 5クラスターの名称

2020年のアーキテクチャ7因子（詳細は付録にある）に対してクラスター分析[7]を実施し、表3-3に名前を示した5つのクラスター（以下「5群」とも記す）を作った。[8]繰り返しになるが、「クラスター」とは人の集まりで、因子分析で抽出した7つのアーキテクチャ因子のうち、どれとどれを頻度高く使っている「人たち」であるとか、全部のアーキテクチャをよく使う「人たち」というような分類である。

表3-3　2020年のアーキテクチャ5クラスターの名称と人数・構成比

群の名称	人数	構成比
1　登録チャンネル	57	9.4%
2　キーワード検索のみ	97	16.1%
3　全アーキテクチャ中庸	196	32.4%
4　キーワード検索＋推奨アルゴリズム	130	21.5%
5　全アーキテクチャ高頻度	124	20.5%
全体	604	100.0%

各群の構成比の合計が100%にならないのは、小数点第2位を四捨五入しているからである。

以下ではなぜそのような名前にしたのかをクラスター別にアーキテクチャ利用頻度の得点（4点満点）を縦軸にとった図3-7（次頁）から記す。

最もわかりやすいのは一番右の第5群で、この群はアーキテクチャ7因子の利用頻度得点がすべて高い点に特徴がある。したがって「全アーキテクチャ高頻度」群とした。[9]逆に第2群は「キーワード検索」を除くすべての利用が低頻度であったので「キーワード検索のみ」群とした。[10]

第4群も「キーワード検索」の利用頻度が高く、5群で最も高頻度（3.53点）で使い、多くの群と統計的有意差があった。また動画推奨アルゴリズムが機能する「ホーム画面」(3.02点）と「2本目以降推奨」(2.96点）も高頻度に利用するので、[11]「キーワード検索＋推奨アルゴリズム」群とした。

第1群は登録チャンネルの利用頻度が非常に高く（3.56点）[12]、「受信トレイ」「2本目以降推奨」などで複数の群よりも有意に低頻度なので「登録チャンネル」群とした。最後の第3群は高頻度あるいは低頻度で使うアーキテクチャがないので「全アーキテクチャ中庸」群とした。

少し先取りしておくと、すべてのアーキテクチャを低頻度でしか利用しないというクラスターが2021年には出てくるのだが、2020年にはそのようなクラスターは見られず、YouTubeアプリ利用がこの1年で一般化に向かったことが示唆されている。

図3-7 2020年のアーキテクチャ5クラスターのアーキテクチャ利用頻度

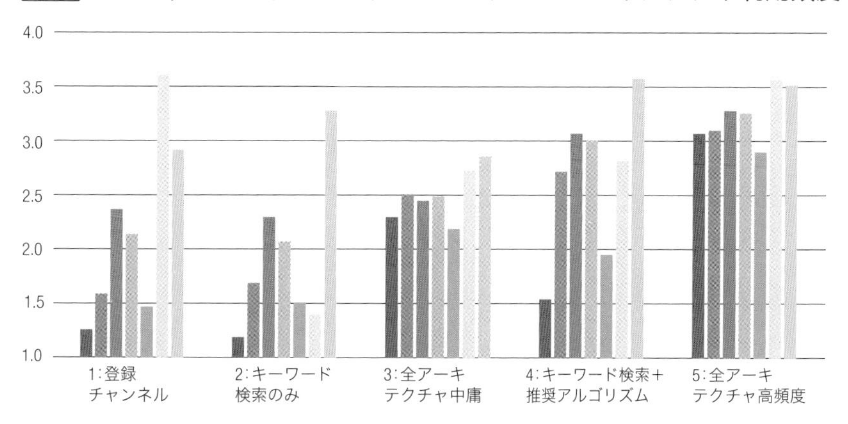

● 5クラスターの基本属性

2020年の5群の男女比と平均年齢を表3-4にまとめた。男性比率が最も高かったのは「全アーキテクチャ中庸」群（54.6%）だが6割には届いていない。一方、女性比率が高いのは「登録チャンネル」群（61.4%）と「キーワード検索のみ」群（59.8%）であった。

平均年齢が最も高かったのは「キーワード検索のみ」群だが、後で示

表3-4　2020年のアーキテクチャ5クラスターの男女比率と平均年齢(N=604)

群の名称	男女比(%)		年齢	
	男性	女性	平均	標準偏差
1　登録チャンネル	38.6	61.4	30.8	10.27
2　キーワード検索のみ	40.2	59.8	34.9	8.54
3　全アーキテクチャ中庸	54.6	45.4	32.8	10.32
4　キーワード検索＋推奨アルゴリズム	53.8	46.2	30.2	8.96
5　全アーキテクチャ高頻度	51.6	48.4	32.1	10.86
全体	50.0	50.0	32.2	9.97

すようにこの群はYouTubeアプリの視聴分数も最短である。逆に平均年齢が最も低かったのは「キーワード検索＋推奨アルゴリズム」群である。この群は「全アーキテクチャ高頻度」群ほどではないが、「音楽」の視聴頻度が高い点にも特徴がある。

次にアプリに限らないYouTube視聴時間と1週間のYouTube視聴日数を[13]表3-5に示したが、全体でのYouTubeの1日視聴分数平均は66.6分、中央値は30.8分であった。平均が最長だったのが91.5分の「全アーキテクチャ高頻度」群で、90.2分の「登録チャンネル」群が続いた。中央値では1位が「登録チャンネル」群、2位が「全アーキテクチャ高頻度」群と順位が逆になったが、この2群の視聴時間の差はあまりない。逆に

表3-5　2020年のアーキテクチャ5クラスターの視聴時間と視聴日数(N=604)

群の名称	1日全YouTube視聴時間(分)			1週間YouTube視聴日数	
	平均	標準偏差	中央値	平均	標準偏差
1　登録チャンネル	90.2	134.3	49.7	5.67	1.85
2　キーワード検索のみ	35.3	67.5	10.0	3.79	2.30
3　全アーキテクチャ中庸	57.6	89.7	29.4	4.97	2.10
4　キーワード検索＋推奨アルゴリズム	69.4	98.7	34.1	5.02	1.96
5　全アーキテクチャ高頻度	91.5	150.1	46.6	5.60	1.92
全体	66.6	109.7	30.8	4.99	2.13

YouTubeの1日視聴分数平均値が最短だったのが35.3分の「キーワード検索のみ」群で、中央値でも10.0分と最短であった。

1週間のYouTube視聴日数が最大なのは5.67日の「登録チャンネル」群で、5.60日の「全アーキテクチャ高頻頻度」群よりも多くなった。逆に最小は3.79日の「キーワード検索のみ」群であった。

2021年のアーキテクチャ7クラスター

● 7クラスターの名称

今度は2021年のアーキテクチャクラスターである。先ほどと同じようにアーキテクチャ因子に対してクラスター分析[14]を実施し、表3-6に名前を示した7クラスターが得られた[15]。各クラスターの名前の理由をアーキテクチャ利用頻度の得点を縦軸にとった図3-8を見ながら簡単に説明しよう。

第1群はアーキテクチャ7因子の得点がすべて7群中最も高い[16]。この群は「キーワード検索」でも第3群と第6群との間に有意差があり、第7章の分析からYouTube以外でも幅広いジャンルの情報に非常に頻度高く接していたので、「情報熱中者」群とした。逆に第6群は5つのアーキテクチャ利用が7群中で最低で、YouTube以外のネットサービスやテレビで

表3-6 2021年のアーキテクチャ7クラスターの名称と人数・構成比

群の名称	人数	構成比
1　情報熱中者	44	5.6%
2　YouTubeアプリ愛好者	229	29.1%
3　YouTubeアプリ受動的利用者	94	12.0%
4　キーワード検索のみ	122	15.5%
5　登録チャンネル＋キーワード検索	120	15.3%
6　情報低関心者	37	4.7%
7　キーワード検索＋推奨アルゴリズム	140	17.8%
全体	786	100.0%

も情報接触が非常に不活発であったので「情報低関心者」群とした。

第7群は「キーワード検索」を高頻度（3.38点）で使い[17]、同時に「ホーム画面」(3.38点）と「2本目以降推奨」(3.14点）という動画推奨アルゴリズムが機能するアーキテクチャも7群中2位の利用頻度であったので[18]、「キーワード検索＋推奨アルゴリズム」群とした。2020年にも同じ名前のクラスターがあったが、「ホーム画面」も「2本目以降推奨」もより高頻度で使うようになっている。

対照的に自分で（手動で）チャンネルを登録する「登録チャンネル」を「キーワード検索」とともに頻度高く利用し、「ホーム画面」の利用頻度が7群中6位と（2.32点）という第5群は「登録チャンネル＋キーワード検索」群とした。

第2群は4アーキテクチャの利用頻度が2位で全般的にYouTube利用が活発である。また分析においてクラスターが分割されていく過程から第1群と最も近い群であることがわかっているので「YouTubeアプリ愛好者」群とした。後述するように7群の中で最もスマホアプリでのYouTube

図3-8　2021年のアーキテクチャ7クラスターのアーキテクチャ利用頻度

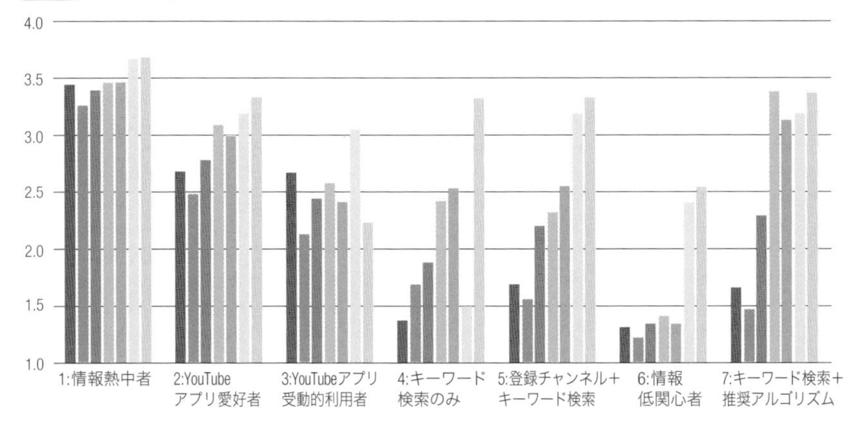

視聴時間割合が高い65.0%であり、アプリ利用が活発という意味もこの名前には込めている。

第3群は「キーワード検索」の利用頻度が7群中最下位（2.24点）で、多くの群よりも有意に利用頻度が低かった。また「通知」の利用頻度が高いので、「YouTubeアプリ受動的利用者」群とした。最後の第4群は、全般的にアーキテクチャの利用頻度が低いが「キーワード検索」だけは平均よりも高い頻度で使っているため「キーワード検索のみ」群とした。これも2020年にも同じ名前のクラスターがあったが、「2本目以降推奨」をより高頻度で使うようになっている。

7クラスターの基本属性

さて2021年の7群の男女比と平均年齢を示したのが表3-7である。最も男性比率が高いのが61.4%の「情報熱中者」群で、「YouTubeアプリ受動的利用者」群も男性比率が60.6%で続いた。逆に女性比率が最も高いのが59.5%の「情報低関心者」群で、次いで59.2%の「登録チャンネル＋キーワード検索」群であった。1年前に比べるとクラスターごとに男女差がはっきり表れている。

平均年齢は、最高が35.5歳の「情報低関心者」群、逆に最低が27.0歳の「キーワード検索＋推奨アルゴリズム」群であった。

最後の表になるが、アプリに限らないYouTube視聴時間と1週間のYouTube視聴日数を表3-8に示した。全体でのYouTubeの1日視聴分数平均は79.3分、中央値は40.1分で、1年でそれぞれ13分ほど、10分ほど伸びた。

クラスター別では、平均が最長だったのが143.3分の「情報熱中者」群で、110.1分の「キーワード検索＋推奨アルゴリズム」群が続いた。中央値でもこの順位は変わらない。また1週間のYouTube視聴日数が最大なのは6.15日の「キーワード検索＋推奨アルゴリズム」群で、唯一6日を超えた。逆に最小は4.43日の「キーワード検索のみ」群であった。2020年も同じ名前のクラスターで最小であったものの、0.64日多くなった。

表3-7 2021年のアーキテクチャ7クラスターの男女比率と平均年齢(N=786)

群の名称	男女比(%)		年齢	
	男性	女性	平均	標準偏差
1　情報熱中者	61.4	38.6	29.5	10.47
2　YouTubeアプリ愛好者	51.1	48.9	32.0	9.93
3　YouTubeアプリ受動的利用者	60.6	39.4	34.6	10.30
4　キーワード検索のみ	47.5	52.5	34.5	8.70
5　登録チャンネル＋キーワード検索	40.8	59.2	33.5	9.23
6　情報低関心者	40.5	59.5	35.5	9.62
7　キーワード検索＋推奨アルゴリズム	48.6	51.4	27.0	9.70
全体	49.8	50.2	32.1	10.01

表3-8 2021年のアーキテクチャ7クラスターの視聴時間と視聴日数(N=786)

群の名称	1日全YouTube視聴時間(分)			1週間YouTube視聴日数	
	平均	標準偏差	中央値	平均	標準偏差
1　情報熱中者	143.3	174.5	86.9	5.84	1.75
2　YouTubeアプリ愛好者	89.3	116.4	47.1	5.64	1.95
3　YouTubeアプリ受動的利用者	67.3	102.5	27.0	4.88	2.17
4　キーワード検索のみ	43.4	67.7	18.6	4.43	2.27
5　登録チャンネル＋キーワード検索	59.9	72.6	31.6	5.22	2.17
6　情報低関心者	36.7	54.8	15.6	4.76	2.33
7　キーワード検索＋推奨アルゴリズム	110.1	109.6	71.0	6.15	1.42
全体	79.3	106.8	40.1	5.36	2.07

4 まとめ

本章では2020年と2021年のアーキテクチャクラスターの基本的な情報を記してきた。次頁の図3-9と図3-10の2つのグラフがそれぞれのクラスター名と構成比（全体に占める割合）をまとめたものだが、クラスター数が5から7に増えた。そして2021年にはすべてのアーキテクチャの利用頻度が低いクラスターも誕生した。各クラスターの異同についてグラフの後に添えたいくつかの知見とともに2つのグラフを眺めると、2020年から2021年でのYouTube利用者の変化が見えてくると思う。

図3-9　2020年のアーキテクチャ5クラスター

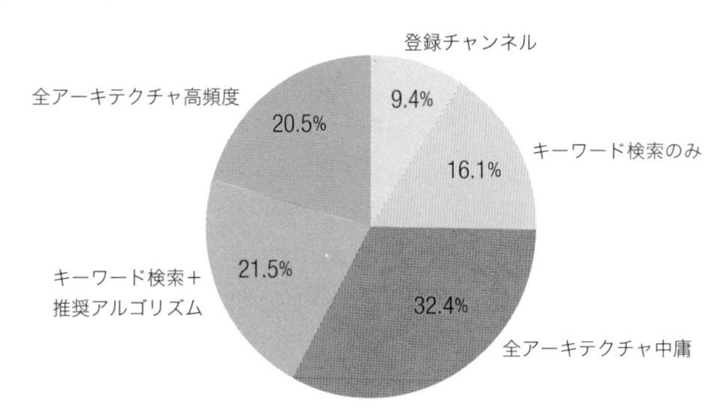

図3-10　2021年のアーキテクチャ7クラスター

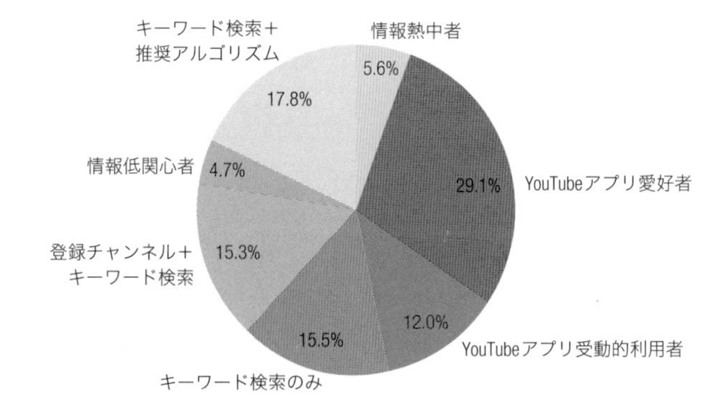

アーキテクチャクラスターの変化に関わる知見

- 2カ年両方に存在した「キーワード検索のみ」群は、2020年から2021年で視聴分数がさほど大きく伸びていない。つまり「キーワード検索」のみを使っている限りにおいては、動画を長時間にわたって視聴することにはなりにくいという因果関係を示唆している。
- 2カ年両方に存在した「キーワード検索＋推奨アルゴリズム」群は、2020年から2021年では女性が増え、低年齢化した。そしてYouTube全体での視聴分数が大幅に伸張し、中央値では34.1分から71.0分となった。
- 2020年の「全アーキテクチャ高頻度」群の一部と「全アーキテクチャ中庸」群の一部が、2021年に「YouTubeアプリ愛好者」群（構成比は最大の29.1%に）となったと考えられる。
- 2020年の「登録チャンネル」群は2021年には消えた。つまり「登録チャンネル」のみに偏ってのアプリ利用者は一定の大きさとしては存在しなくなった。
- 2021年の「YouTubeアプリ受動的利用者」群は、前年の「全アーキテクチャ中庸」群の中で「キーワード検索」を使わなくなり、「通知」を使うようになった層と思われる。

1　東京都、大阪府、京都府、神奈川県、埼玉県、千葉県、愛知県、兵庫県。

2　主因子法で抽出し、カイザー基準で因子数を7と決定した後、プロマックス回転を実行した。

3　クロンバックのα係数は順に、0.87、0.86、0.79、0.82、0.70、0.81、0.72であった。

4　Kim & Mueller（1978）

5　数字が負で大きい場合は、その項目と逆の内容についてその因子と関連が深くなることを意味する。

6　定まった基準はないが、絶対値が0.1から0.15程度までが1つの目安になる。

7　アーキテクチャ7因子の因子得点を用いて階層型分析のWard法を採用した。デンドログラムの減衰によりクラスター数を決定した。

8　5群間でアーキテクチャ7因子の素点平均についてそれぞれ一元配置分散分析を行ったところ、すべての因子において有意水準0.1%で有意差が見られた（第1因子：$F(4, 600) = 301.00$、第2因子：$F(4, 600) = 126.24$、第3因子：$F(4, 600) = 68.86$、第4因子：$F(4, 600) = 100.29$、第5因子：$F(4, 600) = 72.91$、第6因子：$F(4, 600) = 140.54$、第7因子：$F(4, 600) = 31.66$）。つまり7因子すべてでどこかの群間に差があった。その後、5群間で多重比較（有意水準5%）を行い、群間の差についての結果を考慮して5群に名称をつけた。

9　第1群との「登録チャンネル」、第2群との「キーワード検索」、第4群との「ホーム画面」および「キーワード検索」を除いたすべての組合せで有意差があった。

10　第2群は「キーワード検索」を第1群と第3群よりも有意に高頻度（3.23点）で使うが、「受信トレイ」「ライブラリ」「2本目以降推奨」「急上昇画面」「登録チャンネル」では第3群、第4群、第5群の各群よりも有意に低頻度利用であった。

11　両アーキテクチャとも第1群、第2群、第3群より有意に高かった。

12「登録チャンネル」は第5群以外のすべての群と有意差があった。

13　YouTubeアプリの「視聴日数」と「視聴時間」表示機能を用いて、スマートフォンでのYouTubeアプリ視聴に限らず、他デバイスも含めた過去7日間での全YouTube視聴時間と利用日数を回答してもらった。

14　アーキテクチャ7因子の因子得点を用いて階層型分析のWard法を採用した。デンドログラムの減衰によりクラスター数を決定した。

15　7群間でアーキテクチャ7因子の素点平均についてそれぞれ一元配置の分散分析を行ったところ、すべての因子において有意水準0.1%で有意差が見られた（第1因子：$F(6, 780) = 179.74$、第2因子：$F(6, 780) = 113.82$、第3因子：$F(6, 780) = 76.71$、第4因子：$F(6, 780) = 108.08$、第5因子：$F(6, 780) = 104.46$、第6因子：$F(6, 780) = 99.26$、第7因子：$F(6, 780) = 56.73$）。つまり7因子すべてでどこかの群間に差が見られた。その後、7群間で多重比較（有意水準5%）を行い、群間の差についての結果を考慮して7群に名称をつけた。

16「通知」から「登録チャンネル」までの「キーワード検索」を除く6因子のほぼすべてで他の6群との間に有意差があった。

17　第3群と第6群よりも有意に高かった。

18「ホーム画面」は第1群を除く5つの群より有意に高く、「2本目以降推奨」は第3群、第4群、第5群、第6群より有意に高かった。

第4章
動画ジャンルクラスター

前章ではアーキテクチャクラスターについて説明したが、本章では動画ジャンルクラスターについて紹介する。ここでその数にだけ触れておくと、2020年は5つ、2021年は7つとなったが、これはYouTubeアプリの利用者が視聴動画ジャンルという観点で見ても多様になったことを示している。

なお前章と同じように、読みやすさのため、動画ジャンル因子についての本文での記述は2021年データだけにとどめ、2020年データの詳細は付録に示した。

1 動画ジャンルの5因子(2021年)

2021年の動画内容別視聴頻度

先行研究[1]も参考にしながらYouTubeで視聴可能な30項目の動画内容を用意し、それらのYouTubeアプリでの視聴頻度を4件法で尋ねた。その結果を示したのが図4-1で、「よく見たり聴いたりする」に「たまに見たり聴いたりする」を加えた肯定的回答の割合が高い順に示してある。

最も高頻度で視聴されていたのは「ミュージックビデオ」で肯定的回答の割合は75.1%に上り、3位と4位にも「音楽関連のプレイリスト・ミックスリスト」(58.5%)「ライブ・コンサート映像」(52.1%)が現れた。2位となったのは「趣味に関わる実演・解説動画」(59.0%)であった。以上は2020年の結果とほぼ同じである。

他方、「まったく見たり聴いたりしない」が50%を超える内容も多く、多様な内容の揃うYouTubeらしさを示している。

図4-1 2021年のYouTubeアプリでの動画内容視聴頻度

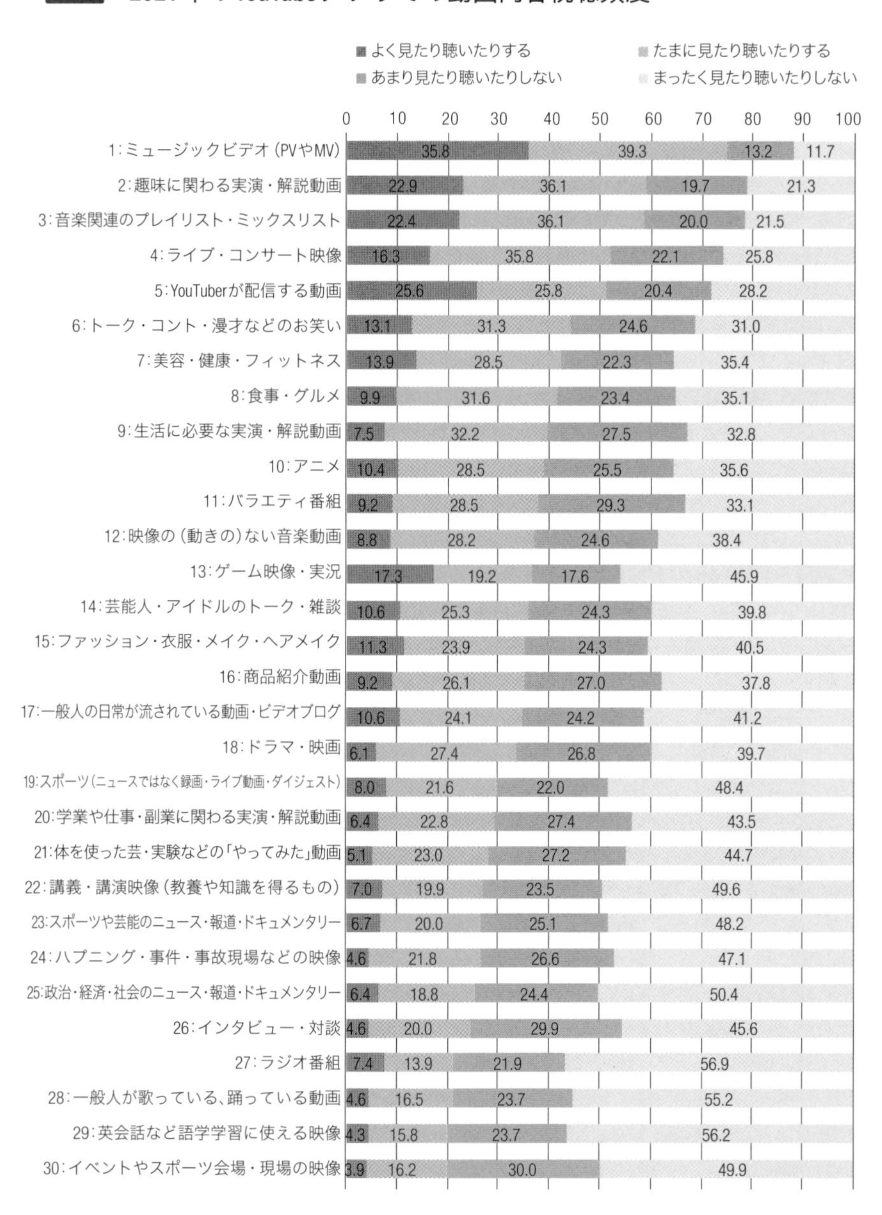

2021年の動画ジャンル5因子

動画内容別の視聴頻度の回答のうち26項目[2]を因子分析[3]によって分類し、図4-2の5因子が抽出された。この手順はアーキテクチャ因子を抽出した時と同じである。

図4-2の一番左に縦に並んでいる番号は、図4-1の項目番号と一致している。またグラフの横棒は各項目の各因子との関連の深さを示しており、グラフの上部に書かれている「学びと社会情報」「エンタメとソフトニュース」などが抽出された5つの因子名である。そしてこれらの総称が2021年の「動画ジャンル5因子」である。

因子名のうち、ここでは2つのUGC（User-Generated Content）ジャンルだけ補足しておこう。「サブカル系UGC」は図4-1にある「13：ゲーム映像・実況」「10：アニメ」「28：一般人が歌っている、踊っている動画」な

図4-2　2021年の動画ジャンル5因子

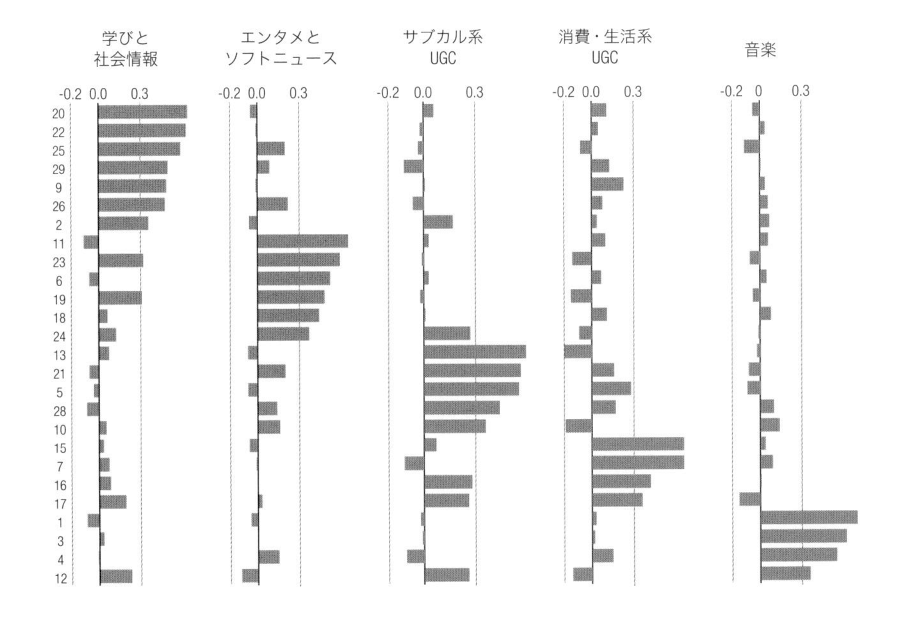

ど関連性が深かったから、「消費・生活系UGC」は「15：ファッション・衣服・メイク・ヘアメイク」「16：商品紹介動画」など関連深い4項目が商品情報と生活に関わる内容を示し、また「17：一般人の日常の動画」とも関連性が深いからそのような名前とした。なお2つのUGC因子はいずれも2020年の動画ジャンル因子にも存在しているものである。

アーキテクチャ因子の時と同じ手順で算出した因子ごとの視聴頻度の得点平均値と標準偏差を示したのが図4-3である。最も視聴頻度の高いのが「音楽」の2.52点で他の4ジャンルよりもかなり高い。ついで「消費・生活系UGC」の2.09点であったが、最も視聴頻度が低い「学びと社会情報」の1.98点との平均値の差は0.11ポイントとさほど大きくない。

図4-3　2021年動画ジャンル5因子の視聴頻度

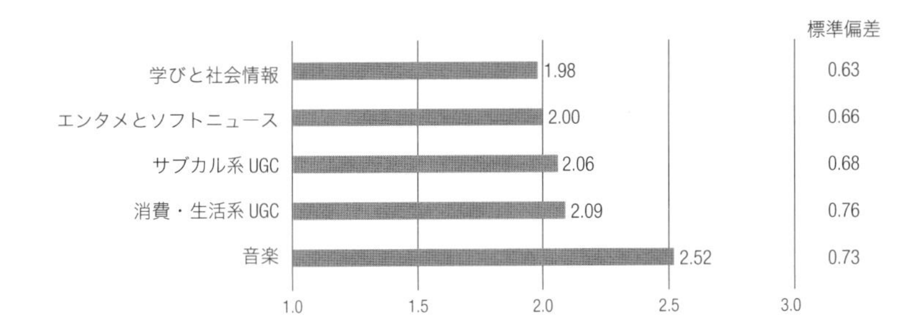

動画ジャンル因子から見えるYouTubeの変化

ここまでの作業で2021年の動画ジャンル5因子を抽出したが、実は2020年では動画ジャンルの因子数は6つであった。

因子分析とは似たような回答傾向を持つものをグループ化する作業なので、1年でグループの作られ方が変わってその数が6から5に減ったことになる。これは「アーキテクチャ7因子」が2年とも「7因子」であったのとは異なる。

つまり動画内容のまとまりはアーキテクチャのまとまりに比べて安定

していないが[4]、前年からの変化を端的に示せば、2020年の「スポーツ・芸能・現場情報」因子と「エンタメ」因子が、2021年に「エンタメとソフトニュース」因子という1つにまとまったと言える。

「エンタメとソフトニュース」という新しい因子が2021年に誕生したのは、前年の「エンタメ」因子に動画内容の「スポーツ（ニュースではなく録画・ライブ動画・ダイジェスト）」と「スポーツや芸能のニュース・報道・ドキュメンタリー」のスポーツ・芸能関連の2項目も含まれるようになったからである。2020年1月に比べて2021年1月にはスポーツや各種イベントの開催が激減していたことも影響して、このようなまとまりになったと推測される。

また2020年に比べて2021年に視聴頻度が上がった動画内容としては、「美容・健康・フィットネス」「趣味に関わる実演・解説動画」「講義・講演映像（教養や知識を得るもの）」などがあった。

● 因子の得点平均から見る変化

では因子別の視聴頻度の変化を見てみよう。動画ジャンル6因子（2020年）と5因子（2021年）の視聴頻度の平均得点を示したものが図4-4である。

全体として視聴頻度はほとんど変わらず、平均値は2020年に2.11点、2021年に2.13点であった。因子別で視聴頻度が高くなったのは「学びと社会情報」であるが、これは前年と異なり、全体での視聴頻度が2番目に高い「趣味に関わる実演・解説動画」がこの因子に加わったことと[5]、「講義・講演映像（教養や知識を得るもの）」の視聴頻度が上がったことが影響しているだろう。

逆に「音楽」の視聴頻度の低下は、YouTubeの有料サービスであるYouTubeミュージックや他の音楽関連サブスクリプションサービスへの移行が想定される。

図4-4 動画ジャンル因子の2020年と2021年の視聴頻度

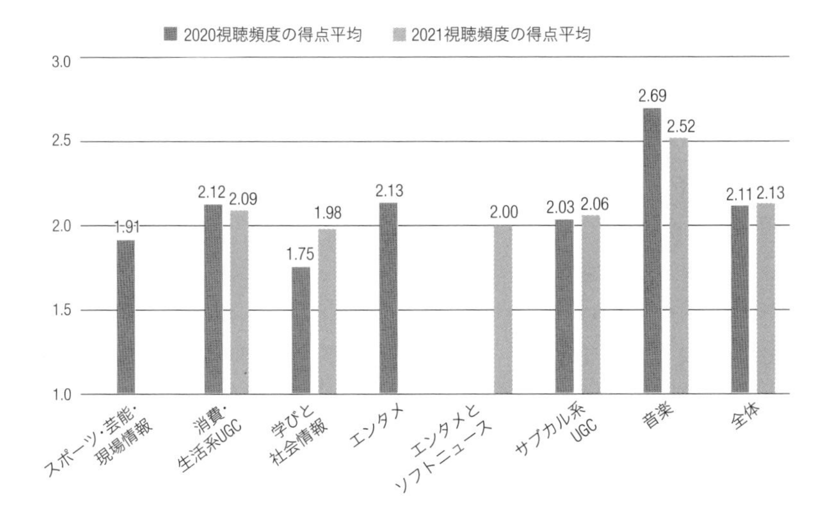

● 因子間の相関係数から見る変化

動画ジャンルが互いにどれほど一緒に視聴される傾向を持つかを把握するために、動画ジャンル因子の因子間相関係数も見てみよう。その2020年の結果を示したのが表4-1、2021年の結果を示したのが表4-2である（次頁参照）。

まず多くの組合せで相関係数は0.4を超えており、動画ジャンルが異なっていても一緒に見られる傾向を全体として持つことがわかる。

ここでも便宜的に相関係数が0.6以上という基準を設けると、2020年では高い順に「学びと社会情報」と「スポーツ・芸能・現場映像」(0.75)、「エンタメ」と「スポーツ・芸能・現場映像」(0.75)、「学びと社会情報」と「エンタメ」(0.66)、「サブカル系UGC」と「スポーツ・芸能・現場映像」(0.62）の4つの組合せがあった。このうち最初の3つは「学びと社会情報」「エンタメ」「スポーツ・芸能・現場映像」のいずれもが一緒に視聴されることが多いことを示しているので、2021年において「エンタメ」

と「スポーツ・芸能・現場映像」の因子が統合された理由が見てとれる。

逆に相関係数が低めの0.3前後のものが多いのが「音楽」である。これは「音楽」動画を視聴する人が多いので、他のジャンルを視聴する人も視聴しない人もいるという傾向が他の動画ジャンルに比べて強いからだと考えられる。ただし音楽好きが無料のYouTube利用者から抜けて「音楽」の視聴頻度が下がったせいか、2021年には「音楽」と他ジャンルの相関係数は2020年よりもやや高くなっている。

また2021年は「消費・生活系UGC」の相関係数が2020年よりも小さくなっている点も見てとれ、このことは他ジャンルと一緒に見る傾向が薄

表4-1 2020年動画ジャンル6因子の因子間相関係数

	スポーツ・芸能・現場映像	消費・生活系UGC	学びと社会情報	エンタメ	サブカル系UGC	音楽
スポーツ・芸能・現場映像	–					
消費・生活系UGC	0.55	–				
学びと社会情報	0.75	0.57	–			
エンタメ	0.75	0.58	0.66	–		
サブカル系UGC	0.62	0.54	0.43	0.56	–	
音楽	0.34	0.29	0.31	0.52	0.30	–

■0.6以上

表4-2 2021年動画ジャンル5因子の因子間相関係数

	学びと社会情報	エンタメとソフトニュース	サブカル系UGC	消費・生活系UGC	音楽
学びと社会情報	–				
エンタメとソフトニュース	0.60	–			
サブカル系UGC	0.66	0.54	–		
消費・生活系UGC	0.38	0.33	0.42	–	
音楽	0.36	0.42	0.39	0.43	–

■0.6以上

れたと解釈できる。

2　動画ジャンルクラスター（2020年と2021年）

では動画ジャンル因子をもとにして、動画ジャンルクラスターを作っていこう。クラスター数だけを先に言うと、2020年は5つ、2021年は7つとなった。

2020年の動画ジャンル5クラスター

● 5クラスターの名称

付録に詳細を示した2020年の動画ジャンル6因子に対してクラスター分析[6]を実施し、表4-3に名前を示した5クラスター（以下「5群」とも記す）を作った[7]。ここでもアーキテクチャクラスターと同じように、次頁の図4-5に示した動画ジャンル別の視聴頻度に基づき、各クラスターの名前の理由を記していく。

表4-3　2020年の動画ジャンル5クラスターの名称と人数・構成比

群の名称	人数	構成比（%）
1　全ジャンル愛好家	145	24.0
2　全ジャンル高頻度	91	15.1
3　消費・生活系UGC志向	124	20.5
4　全ジャンル低頻度	83	13.7
5　音楽のみ（ヘビー）	161	26.7
全体	604	100.0

最もわかりやすいのは第2群である。動画ジャンル6因子の得点がすべて高く、「音楽」でも複数の群との間で統計的有意差があったので、「全ジャンル高頻度」群とした。また第1群も動画ジャンル6因子の得点がすべて平均を上回って視聴しているので、「全ジャンル愛好家」群とした。この2つがジャンルにさほど偏らない活発な視聴を行う群である。

第5群は「音楽」のみ上に長く棒が伸びていて、5群の中で最も頻度も高かった（3.17点）ので、「音楽のみ（ヘビー）」群とした。また第3群は「消費・生活系UGC」の平均得点（2.33点）が第2群に次ぐ第2位で、他の5因子の視聴頻度は平均以下であったので「消費・生活系UGC志向」群とした。最後の第4群は動画ジャンル6因子の得点がすべて全体平均以下であったため、「全ジャンル低頻度」群とした。

図4-5 2020年の動画ジャンル5クラスターの動画ジャンル視聴頻度

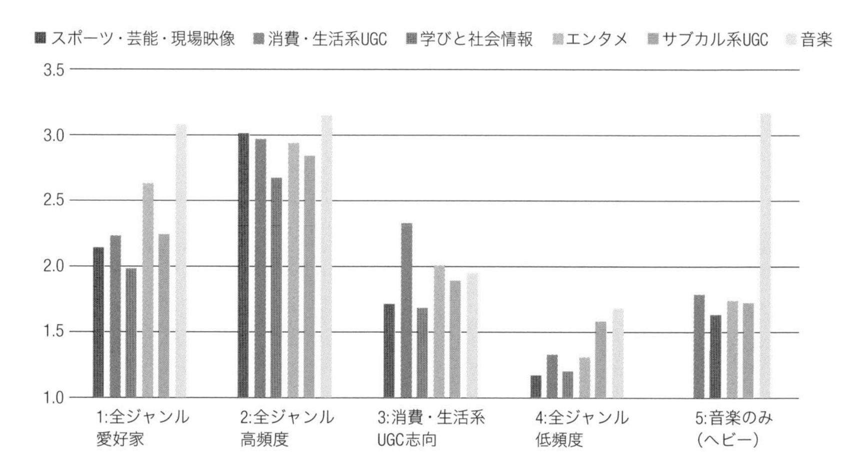

● 5クラスターの基本属性

2020年の5群の男女比と平均年齢を表4-4に示した。男性比率の方が有意に高かったものは「全ジャンル愛好家」群（57.2%）、「全ジャンル高頻度」群（60.4%）、女性比率の方が有意に高かったものは「音楽のみ（ヘビー）」群（59.0%）であった。

平均年齢が最も高かったのは「全ジャンル低頻度」群の33.2歳、次いで「音楽のみ（ヘビー）」群の33.1歳であった。逆に平均年齢が最も低かったのは「消費・生活系UGC志向」群の30.5歳であった。

表4-4　2020年の動画ジャンル5クラスターの男女比率と平均年齢 (N=604)

群の名称	男女比(%)		年齢	
	男性	女性	平均	標準偏差
1　全ジャンル愛好家	57.2	42.8	31.9	10.18
2　全ジャンル高頻度	60.4	39.6	32.8	9.70
3　消費・生活系UGC志向	44.4	55.7	30.5	10.07
4　全ジャンル低頻度	51.8	48.2	33.2	9.50
5　音楽のみ(ヘビー)	41.0	59.0	33.1	10.00
全体	50.0	50.0	32.2	9.97

2020年の動画ジャンルクラスター別の視聴時間などをまとめたのが表4-5である。アプリに限らない全YouTubeの1日視聴分数は長い方から「全ジャンル高頻度」群の83.9分、「全ジャンル愛好家」群の81.2分で、この2群は中央値で見ても全体平均を10分以上も上回った。逆に視聴時間が短いのが「音楽のみ（ヘビー）」群と「全ジャンル低頻度」群であったが、2020年では群間の平均視聴時間の差が最も大きい場合でも33分ほど、中央値でも29分ほどでしかない点に着目するべきだろう。つまりそこまでクラスター間での差がないということである。

これは1週間のYouTube視聴日数でも同様で、最大である「全ジャンル高頻度」群の5.39日と最小である「全ジャンル低頻度」群の4.51日の間には0.88日の差しかない。

表4-5　2020年の動画ジャンル5クラスターの視聴時間と視聴日数 (N=604)

群の名称	1日全YouTube視聴時間(分)			1週間YouTube視聴日数	
	平均	標準偏差	中央値	平均	標準偏差
1　全ジャンル愛好家	81.2	111.8	42.1	5.19	2.01
2　全ジャンル高頻度	83.9	157.8	47.1	5.39	2.06
3　消費・生活系UGC志向	60.6	87.9	29.2	5.17	1.97
4　全ジャンル低頻度	50.9	94.8	18.3	4.51	2.32
5　音楽のみ(ヘビー)	56.4	94.7	27.9	4.68	2.22
全体	66.6	109.7	30.9	4.99	2.13

2021年の動画ジャンル7クラスター

● 7クラスターの名称

最後に2021年の動画ジャンル7クラスターへと進んでいこう[8]。このクラスターは第7章で特に重要となってくるが、2021年の動画ジャンル5因子に対してクラスター分析[9]を実施して作ったもので、表4-6に名前を示した。

表4-6 2021年の動画ジャンル7クラスターの名称と人数・構成比

群の名称	人数	構成比(%)
1　音楽のみ(ライト)	163	20.7
2　マス向けプロコンテンツ志向	42	5.3
3　消費・生活系UGC志向	101	12.9
4　全ジャンル低頻度	96	12.2
5　娯楽と趣味・生活情報派	127	16.2
6　学びと趣味・社会情報派	124	15.8
7　全ジャンル高頻度	133	16.9
全体	786	100.0

では図4-6の縦軸に示した動画ジャンル視聴頻度の得点を見ながら、各クラスターの名前の理由を説明していこう。

最もわかりやすいのが第7群である。この群は動画ジャンル視聴頻度の得点が「音楽」を除きすべて7群中1位なので[10]、「全ジャンル高頻度」群とした。この群は第7章で見るYouTube以外のネットサービスでも幅広い情報に接触していた。

第5群も視聴頻度の得点がすべて平均を上回り、全ジャンルを比較的均等に視聴していた。ただし「音楽」と「消費・生活系UGC」が特に高く、第7章の分析からYouTube以外のネットサービスでの「音楽・芸能などの情報」「個人的な趣味に関する情報」「生活に関わる実用的な情報」への接触頻度の高さ、テレビでの「エンタメ」ジャンルの視聴頻度の高さ

図4-6　2021年の動画ジャンル7クラスターの動画ジャンル視聴頻度

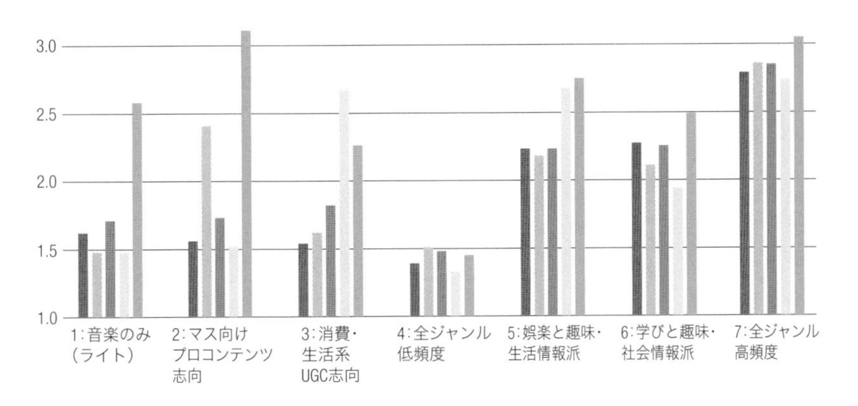

が見られたので「娯楽と趣味・生活情報派」群と名づけた。

また第4群は動画ジャンル5因子の得点がすべて平均以下で、全体で最もよく視聴される「音楽」の視聴頻度も他5群と比べて著しく低い（1.45点）ため、「全ジャンル低頻度」群とした。2020年にも同じ名前のクラスターがあったが、「音楽」の視聴頻度が下がり、すべての動画ジャンルの視聴の不活発さが際立つようになった。

第3群は「消費・生活系UGC」の平均得点が7群中3位で、より高頻度で視聴している2つの群とは有意差はなく、それ以外の3つの群より有意に視聴頻度が高かった。また他の動画ジャンルで平均を下回っているので「消費・生活系UGC志向」群とした。この群も2020年にも同名のクラスターがあったが、「消費・生活系UGC」への偏りが強くなっている。

第2群は「音楽」の視聴頻度が7群中1位で、「全ジャンル高頻度」群以外の5群よりすべて有意に高かった。また「エンタメとソフトニュース」も平均を上回っており、「娯楽と趣味・生活情報派」群より有意に視聴頻度が高かった。一方、2種類のUGC因子の視聴頻度は大きく平均を下回り、テレビの「エンタメ」ジャンルを頻度高く視聴していることから「マス向けプロコンテンツ志向」群とした。

第6群は「学びと社会情報」の視聴頻度が、「全ジャンル高頻度」群に次ぐ2位である。また第7章の分析からYouTube以外のネットサービスでの「仕事や学業に関わる情報」「個人的な趣味に関する情報」「政治・経済・社会の情報」への接触頻度が高かったので、「学びと趣味・社会情報派」群と名づけた。

最後の第1群は「音楽」以外の5つの因子の得点が全体平均以下であった。「音楽」もほぼ全体平均と同値であったため、2020年の「音楽のみ（ヘビー）」群との違いがわかるように「音楽のみ（ライト）」群とした。前者は「音楽」のみ非常に高い頻度で視聴する群であったが、後者は「音楽」のみ平均程度に視聴する群である。

● 7クラスターの基本属性

7群の男女比と平均年齢を表4-7に示した。男性比率が非常に高いのは「学びと趣味・社会情報派」群（76.6%）、逆に女性比率が非常に高いのは「消費・生活系UGC志向」群（89.1%）と「娯楽と趣味・生活情報派」群（66.9%）である。「消費・生活系UGC志向」群の女性比率の高さは際立つが、全体として2021年のアーキテクチャクラスター（77頁の表3-7）よりも男女差がはっきり出ている。

平均年齢が最高だったのは「マス向けプロコンテンツ志向」群の35.8歳、逆に最低だったのは唯一の20代となった「消費・生活系UGC志向」群の28.4歳であった。[11]

最後に表4-8にまとめたクラスター別の基本的な視聴行動を見ていこう。全YouTubeの1日視聴分数の平均値が最長だったのは、「全ジャンル高頻度」群であり、117.3分と突出していた。2番目に長いのは「学びと趣味・社会情報派」群の80.8分、3番目にはほぼ同じ長さで80.2分の「消費・生活系UGC志向」群が続いた。

逆に全YouTubeでの平均視聴分数が最も短かったのは、「マス向けプロ

表4-7 2021年の動画ジャンル7クラスターの男女比率と平均年齢 (N=786)

群の名称	男女比(%)		年齢	
	男性	女性	平均	標準偏差
1 音楽のみ(ライト)	47.9	52.2	33.6	9.97
2 マス向けプロコンテンツ志向	54.8	45.2	35.8	9.86
3 消費・生活系UGC志向	10.9	89.1	28.4	9.03
4 全ジャンル低頻度	59.4	40.6	33.8	9.22
5 娯楽と趣味・生活情報派	33.1	66.9	31.4	10.72
6 学びと趣味・社会情報派	76.6	23.4	32.0	9.53
7 全ジャンル高頻度	63.9	36.1	31.1	10.23
全体	50.0	50.0	32.1	10.01

表4-8 2021年の動画ジャンル7クラスターの視聴時間と視聴日数 (N=786)

群の名称	1日全YouTube視聴時間(分)			1週間YouTube視聴日数	
	平均	標準偏差	中央値	平均	標準偏差
1 音楽のみ(ライト)	71.6	96.1	29.1	5.09	2.19
2 マス向けプロコンテンツ志向	46.5	46.4	34.1	5.14	2.08
3 消費・生活系UGC志向	80.2	90.0	45.0	5.55	1.95
4 全ジャンル低頻度	54.2	84.6	17.3	4.66	2.38
5 娯楽と趣味・生活情報派	77.1	117.2	35.4	5.47	2.00
6 学びと趣味・社会情報派	80.8	102.0	38.3	5.52	1.98
7 全ジャンル高頻度	117.3	139.3	67.9	5.86	1.74
全体	79.3	106.8	40.1	5.36	2.07

コンテンツ志向」群の46.5分であった。平均値では、最長と最短のクラスターには70.8分の差があり、これは2020年の33分ほどよりも40分近く長くなっている。1週間のYouTube視聴日数でも同様で、最大である「全ジャンル高頻度」群の5.86日と最小である「全ジャンル低頻度」群の4.66日の差は1.20日となり、前年の0.88日より大きな差となった。つまりYouTube利用者の裾野が広がることで多様になったと解釈するべきだろう。

3　まとめ

本章では2020年と2021年の動画ジャンルクラスターの基本的な情報を記してきた。図4-7と図4-8の2つのグラフはクラスター名と構成比（全体に占める割合）をまとめたものだが、ここでもクラスター数が5から7に増えた。「音楽」だけを平均的に視聴するが、他はあまり頻度高く視聴しない「音楽のみ（ライト）」というクラスターも2021年に誕生したが、グラフの後に記した各クラスターの変化に関わる知見ととも

図4-7　2020年の動画ジャンル5クラスター

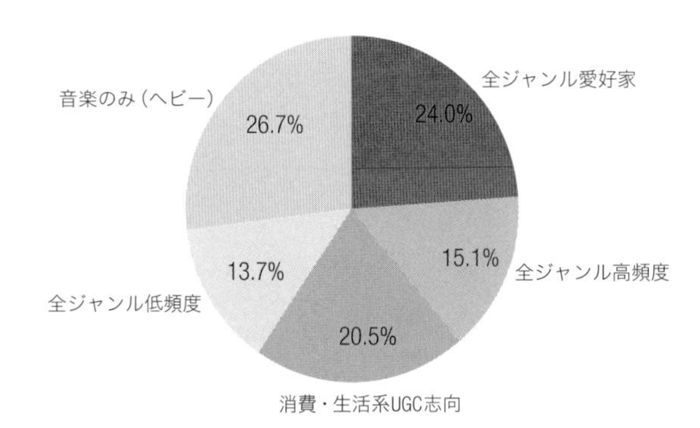

図4-8　2021年の動画ジャンル7クラスター

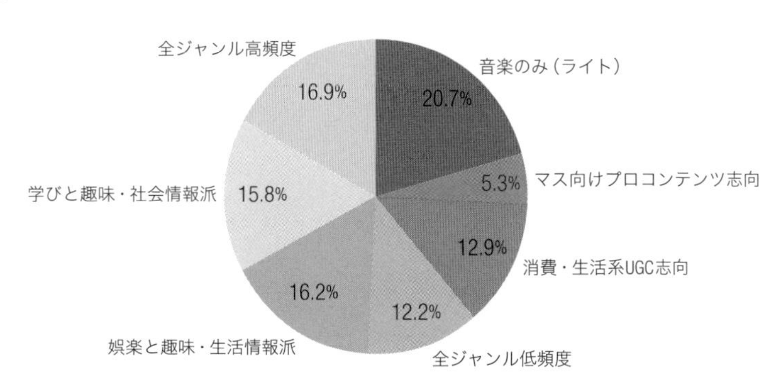

に2つのグラフを見ると、アーキテクチャクラスターの時と同じように2020年から2021年でのYouTube利用者の変化が見えてくる。

動画ジャンルクラスターの変化に関わる知見

- 2カ年両方に存在した「全ジャンル高頻度」群の全YouTube視聴分数の平均は30分以上伸びたもののデモグラフィック属性は大きく変わっていない。
- 2020年の「全ジャンル愛好家」群から、2021年には男性中心の「学びと趣味・社会情報派」群が切り出され、2021年は「消費・生活系UGC」の視聴頻度のやや高い女性が多めの「娯楽と趣味・生活情報派」群となった。
- 2カ年両方に存在した「消費・生活系UGC志向」群だが、2021年に構成比が小さくなり、スマホでYouTubeを視聴する若い女性へと変化した。
- 2020年の最大クラスター「音楽のみ（ヘビー）」群は、「マス的プロコンテンツ志向」群と、音楽のみを平均的に視聴するが他ジャンルの視聴は低頻度の「音楽のみ（ライト）」群に分化したと思われる。

第3章ではアーキテクチャクラスター、本章は動画ジャンルクラスターについて、2年分のデータで見てきたが、その目的は「利用者の裾野が広がり、視聴時間も増えた2020年から2021年のYouTubeアプリ利用者の変化」を知るためであった。それは、利用者がヘビーユーザーからライトユーザーまで多様となり、中には限られた動画ジャンルのみを視聴する傾向を持ち、ゆえにその動画ジャンルに親和的なやはり限られたアーキテクチャだけを使う傾向を持つ者も現れた、と換言できるだろう。

ではそのような変化によって生まれた2021年の7つのアーキテクチャクラスターと7つの動画ジャンルクラスターという視点を持ちながら、これからの3つの章で「スマホYouTubeにハマっている」人の特色も含めてより詳しく見ていこう。

1 小寺, 2012; 佐々木, 2019

2 除いた4項目は以下で、Mは得点平均値、SDは標準偏差を示している。「食事・グルメ」(M = 2.16, SD = 1.02)、「芸能人・アイドルのトーク・雑談」(M = 2.07, SD = 1.03)、「イベントやスポーツ会場・現場の映像」(M = 1.74, SD = 0.87)、「ラジオ番組」(M = 1.72, SD = 0.96)。

3 主因子法で抽出し、カイザー基準で因子数を5と決定した後、プロマックス回転を実行した。

4 たとえば「食事・グルメ」は2020年には「消費・生活系UGC」への因子負荷量が0.51と高く、他の因子への負荷量が低かった。ところが2021年には「消費・生活系UGC」的なグループにも「サブカル系UGC」的なグループにも「学びと社会情報」的なグループにも大差なく関係する動画内容となった。「食事・グルメ」の中で細分化されたコンテンツの登場によってこのような変化が起きたと考えられる。

5 2021年には複数項目で構成される第1因子に「趣味に関わる実演・解説動画」は含まれたが、2020年は1項目のみで因子（第7因子）を構成したため動画内容として除外して6因子とした。2020年の動画ジャンル6因子については付録参照のこと。

6 動画ジャンル6因子の因子得点を用いて階層型分析のWard法を採用した。デンドログラムの減衰によりクラスター数を決定した。

7 5群間で動画ジャンル因子の素点平均についてそれぞれ一元配置の分散分析を行ったところ、すべての因子において有意水準0.1%以下で有意差が見られた（第1因子: $F(4, 599) = 143.78$, 第2因子 : $F(4, 599) = 183.97$, 第3因子: $F(4, 599) = 183.65$, 第4因子: $F(4, 599) = 121.35$, 第5因子: $F(5, 598) = 75.00$, 第6因子: $F(4, 599) = 89.47$)。つまり6因子すべてでどこかの群間に差が見られた。その後、5群間で多重比較（有意水準5%）を行い、群間の差についての結果を考慮して5群に名称をつけた。

8 7群間で動画ジャンル因子の素点平均についてそれぞれ一元配置の分散分析を行ったところ、すべての因子において有意水準0.1%以下で有意差が見られた（第1因子: $F(6, 779) = 189.94$, 第2因子 : $F(6, 779) =170.58$, 第3因子: $F(6, 779) = 96.42$, 第4因子: $F(6, 779) = 188.76$, 第5因子: $F(6, 779) = 93.97$)。つまり5因子すべてでどこかの群間に差が見られた。その後, 7群間で多重比較（有意水準5%）を行い、下記の群間の差についての結果を考慮して7群に名称をつけた。

9 動画ジャンル5因子の因子得点を用いて階層型分析のWard法を採用した。デンドログラムの減衰によりクラスター数を決定した。

10 「消費・生活系UGC」因子で第3群および第5群、「音楽」因子で第2群との間に有意差が見られなかった以外は全組合せで有意差があった。

11 「音楽のみ（ライト）」群、「マス向けプロコンテンツ志向」群、「全ジャンル低頻度」群との間に有意水準1%の有意差が見られた。

第5章

各クラスターは どのようにYouTubeアプリを 使っているのか？

本章では、2021年データを利用して作った7つのアーキテクチャクラスターと7つの動画ジャンルクラスター別に、YouTubeアプリの利用行動を見ていく。利用行動とは、1日あたりアプリ視聴分数、全YouTube視聴時間に占めるアプリでの視聴時間割合、そして登録チャンネル数の3つが両クラスターに共通のもので、アーキテクチャクラスターについては動画ジャンルの視聴頻度が、動画ジャンルクラスターについてはアーキテクチャの利用頻度がそれぞれ加わる。これらが第1節および第3節の記述となる。

また第2節では、アーキテクチャの使い方でYouTubeアプリでの視聴ジャンルには分断があるのか？　という問いに答えを出している。これは第2章で紹介した、「高選択メディアを利用している場合には相対的に娯楽系コンテンツの選好程度が高まり、そのことが娯楽系コンテンツへの接触に偏らせ、利用者は政治的情報の獲得機会を失う」という理論と関わる点である。そして第4節でも第2節の対として、動画ジャンルの視聴パターンでアーキテクチャ利用頻度には差があるのか？　という問いに答えを出している。

1　アーキテクチャクラスター別に見る YouTubeアプリ利用行動

アーキテクチャクラスター別アプリ視聴分数とアプリでの視聴時間割合

クラスター別に見る前に2021年のYouTubeアプリ視聴分数[1]の全体分布を表5-1で確認すると、回答者786人のうち視聴分数の短い方から10%の位置にいる人は0.78分と視聴分数は1分に満たない。逆に上位10%の位置にいる人は137.13分視聴しており、上位1%の位置にいる人では実に377.14分視聴していた。そして全体の平均値は図5-1にあるように49.0分であった。

図5-1では、2021年のアーキテクチャクラスター別の1日YouTubeアプリ視聴時間の平均値と中央値を示している。また図の右に全YouTube視

表5-1 アプリでの視聴分数の分布（2021年）

短い方からの位置（%）	YouTubeアプリ視聴分数
10	0.78
25	4.37
50	18.63
75	58.58
90	137.13
95	195.58
99	377.14

図5-1 アーキテクチャクラスター別のYouTubeアプリ1日視聴分数とアプリでの視聴時間割合

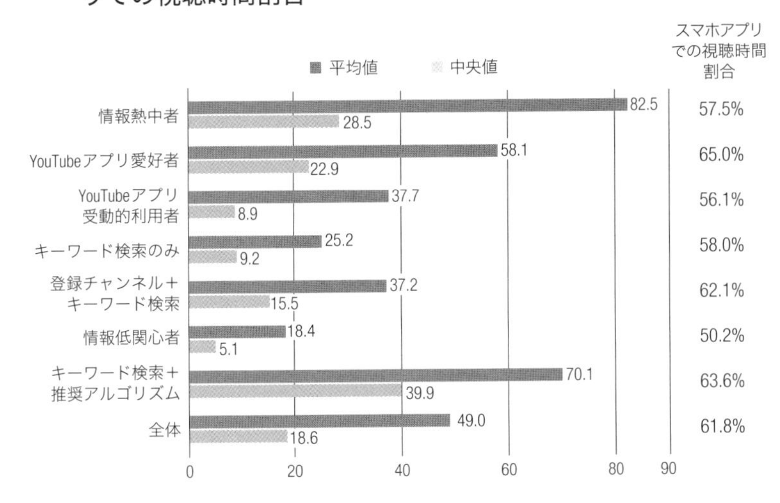

聴時間に占めるアプリでの視聴時間の割合を入れている。

クラスター間の視聴時間に差があるかを平均値によって検討すると[2]、最も長い82.5分の「情報熱中者」群は「キーワード検索のみ」群と「情報低関心者」群の2つに比べて統計的に有意に（5%水準、以下同様）長かった。また2番目に長い70.1分の「キーワード検索＋推奨アルゴリズム」群は、「YouTubeアプリ受動的利用者」群、「キーワード検索のみ」

群、「登録チャンネル＋キーワード検索」群、そして「情報低関心者」群の4つに比べて統計的に有意に長かった。

したがってYouTubeアプリで非常に長時間視聴するのが「情報熱中者」群と「キーワード検索＋推奨アルゴリズム」群の2つで、やや長めが「YouTubeアプリ愛好者」群、短時間の視聴に留まっている群が「キーワード検索のみ」群と「情報低関心者」群の2つと言えるだろう。残りの「YouTubeアプリ受動的利用者」群と「登録チャンネル＋キーワード検索」群の2つが中程度の視聴時間となる。

中央値で見た場合は、順位に変動があり、「キーワード検索＋推奨アルゴリズム」群が1位で39.9分となり、2位の「情報熱中者」群の28.5分を11分以上も上回った。この理由は、「情報熱中者」群ではYouTubeアプリの視聴分数が非常に長い一部の者がいて、平均値が高く出てしまうのに対して、「キーワード検索＋推奨アルゴリズム」群ではそこまでクラスター内の人の視聴分数に差がないからであるが、この2クラスターはスマホYouTubeにハマっていると言えるだろう。そしてその割合は合計で全体の23.4%を占めている。

特に「キーワード検索＋推奨アルゴリズム」群は過去7日間でのYouTube視聴日数が6.15日と最大で、64.3%が7日視聴していた。そしてアプリでの視聴時間割合が63.6%とやや高い。つまりスマホでのYouTube視聴が習慣化している程度が最も高い群は「キーワード検索＋推奨アルゴリズム」群と言って良いだろう。

全YouTube視聴時間にアプリでの視聴時間割合を乗じてYouTubeアプリ視聴時間を算出しているので、アプリでの視聴時間割合が高いとアプリでの視聴時間が長い傾向がある。ただし「情報熱中者」群は例外で、YouTubeアプリ視聴時間は長いもののアプリでの視聴時間割合は低い。つまり「情報熱中者」群はどちらかと言えば、スマホに限らずにYouTubeにハマっているのだ。

アーキテクチャクラスター別の登録チャンネル数

次は登録チャンネル数である。アンケートでは自分の登録チャンネルのリストがYouTubeアプリの画面上で確認できる手順を示した上で、登録チャンネル数を8つの選択肢[3]から回答してもらった。この選択肢番号をそのまま得点に換算して出した平均値をクラスター別に示したのが図5-2である。全体の平均値は4.17点なので、概算すると14～15個となる。

登録チャンネル数が最も多いのは「情報熱中者」群（5.41点）、ついで「キーワード検索＋推奨アルゴリズム」群（5.09点）で18～20個ほどである。スマホYouTubeにハマっている2群が登録チャンネル数でも多いことがわかる。逆に登録チャンネル数が少ない方から「キーワード検索のみ」群（2.24点）、「情報低関心者」群（2.86点）となり、おおむね3～6個である。

ここで触れる必要があるのが「登録チャンネル」ということばがクラスター名に入っている「登録チャンネル＋キーワード検索」群だが、そのチャンネル登録数は全体平均を下回る。つまりこの群は「登録チャンネル」の利用頻度は、「ホーム画面」や「2本目以降推奨」よりも高いのだが、登録数はむしろ少なめで、限られたチャンネルの更新動画を視聴することが多いと推測される。

図5-2 アーキテクチャクラスター別の登録チャンネル数（得点平均値）

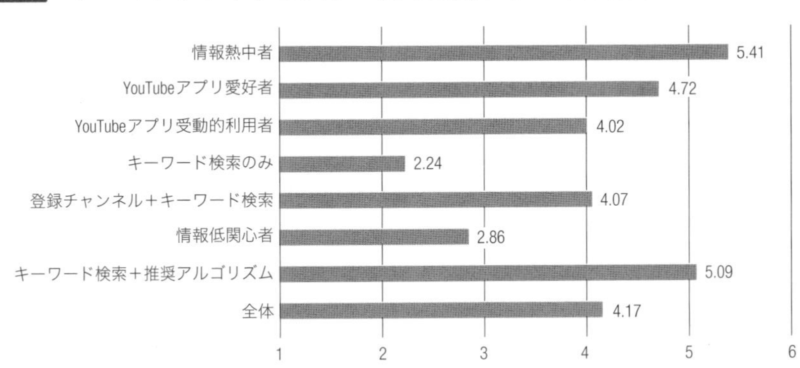

アーキテクチャクラスター別の動画ジャンル視聴頻度

では、各クラスターは5動画ジャンルをどの程度の頻度で視聴しているのだろうか。

2021年調査のデータからは抽出された5つの動画ジャンル因子は「学びと社会情報」「エンタメとソフトニュース」「サブカル系UGC」「消費・生活系UGC」「音楽」であったが、それらの視聴頻度を7クラスター別に示したのが図5-3で、縦軸は4点満点の視聴頻度の得点を示している。

クラスター別の動画ジャンル視聴頻度の理解は特に重要なので、もう1つ縦軸が5つの動画ジャンル因子の因子得点を表している図5-4も示した。因子得点とは、各因子が持つ特徴をどれだけ強く／弱く持っている

図5-3 アーキテクチャクラスター別の5動画ジャンル視聴頻度

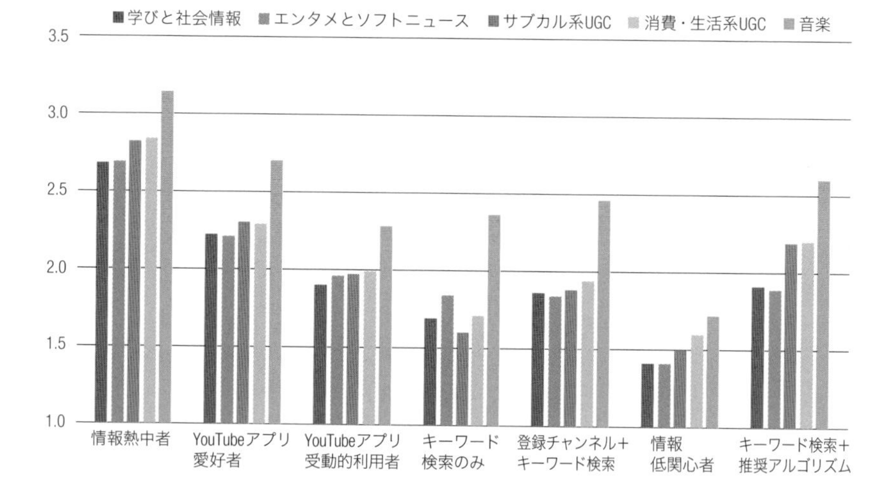

かを示す数値と考えてもらえば良くて、0の場合はその特徴を平均的に持つということを示す指標である。

ここでの例でもう少し説明すると、図5-4の縦軸の値が0の場合は全

体平均と同程度の視聴頻度であることを示し、視聴頻度が全体平均値よりも高い場合には正の値を、逆に全体平均値よりも低い場合には負の値をとる。因子得点のグラフは、各クラスターにおいて5動画ジャンル別の全体平均と比べた相対的な関係が見やすい。

ではクラスター別に視聴頻度を見ていこう。

図5-4 アーキテクチャクラスター別の5動画ジャンル視聴頻度（因子得点）

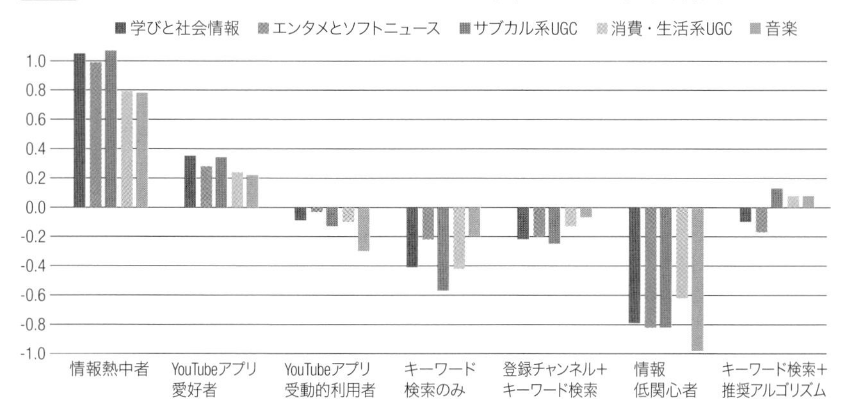

「情報熱中者」群は5動画ジャンルの絶対的な視聴頻度がすべて1位であり、平均はすべて2.68点を上回った。そして視聴頻度の得点平均を用いて、分散分析とその後の多重比較という方法で検定を行うと、すべての群との間で有意差（5%水準、以下同様）があった。これは図5-4で、「情報熱中者」群の5本の棒がすべて0より上に大きく伸びていることからもわかる。つまりジャンルによる大きな偏りなくYouTubeアプリで5ジャンルを高い頻度で視聴しているので、視聴時間だけでなく視聴頻度の観点でもスマホYouTubeにハマっていると言える。

ではもう1つのハマっているクラスターである「キーワード検索＋推奨アルゴリズム」群はどうなのだろうか。「音楽」が5ジャンル中で2.60点と最も高く、図5-4に示されているように「音楽」、そして「サブカル系UGC」と「消費・生活系UGC」という2つのUGCジャンルの視聴頻度が平均以上である。この3ジャンルは、「YouTubeアプリ愛好者」群との間に有意差は見られないほどよく視聴されている。しかし見方を変えると、視聴時間は長いものの「学びと社会情報」と「エンタメとソフトニュース」は平均程度も見ていないことになる。

「YouTubeアプリ愛好者」群も「音楽」の2.70点を筆頭にすべての視聴ジャンルにおいて視聴頻度が高く、「情報熱中者」群を除く5群との間にほとんどの場合有意差があった。つまり視聴時間ではそこまで長いわけではないが、幅広いジャンルを視聴するという意味でのハマり方はしている。

最後にスマホYouTubeにハマっていない代表として「キーワード検索のみ」群を見てみると、全ジャンルの視聴頻度が平均より低い。これは1週間でのYouTube視聴日数が7群中最も少なく、1日のアプリ利用分数は第6位であり、習慣的にあるいは長時間YouTubeアプリを使う群ではないことから妥当である。なかでも図5-4に示されたように、「サブカル系UGC」の視聴頻度が平均に比べて特に低い。

2　アーキテクチャの使い方と視聴動画ジャンル

アーキテクチャクラスター別のYouTubeアプリの使い方がわかってきたところで、第2章で記した次の研究課題に取り組みたいと思う。すなわち、YouTubeアプリで視聴する動画ジャンルには利用者による差があるのか？　あるいは動画推奨アルゴリズムによって視聴する動画ジャンルは限定的になるのか？　というものだ。

それならばアーキテクチャクラスター別の動画ジャンル視聴頻度をもう見たではないか、という読者の声が聞こえてきそうだが、ここではより厳密に検証したいので、その分析方法も含めて説明していこう。

回帰式から予測値を出すと何がわかるのか？

図5-3では7クラスター別の5動画ジャンルの視聴頻度が示されていた。たとえば一番左の棒では、「情報熱中者」群の「学びと社会情報」の視聴頻度の得点平均値が2.68点と示されている。またその5つ右の棒では、同じ「学びと社会情報」の「YouTubeアプリ愛好者」群における得点平均値が2.22点であることも示されているが、この平均の差には2つのクラスターにおける男女比や平均年齢、そしてYouTubeアプリ視聴時間の差が含まれてしまっている。

別の言い方をすれば、動画ジャンル別の視聴頻度と7つのアーキテクチャクラスターの「直接の」かつ「1対1の」関係の深さは分析できていない。ところが動画ジャンル5因子の視聴頻度を目的変数、7クラスターを説明変数とする重回帰分析を実施して得られた回帰式から、動画ジャンル5因子の視聴頻度の得点平均の予測値を7クラスターについて算出すると、この分析が可能になる。

なお重回帰分析とは、特定の変数を目的変数とし、それを他の変数（説明変数）で説明しようとする手法で[4]、同時に投入された説明変数の効果が互いに統制されるという特徴がある。この特徴を持つ重回帰分析で得られた回帰式を用いると、関心の中心にある説明変数と目的変数との「直接の」かつ「1対1の」の関係を検討できる。ここで説明変数は7クラスター、目的変数は5動画ジャンルである。だから7つのアーキテクチャクラスター別に異なっている男女比や平均年齢の違いを排除して、別の言い方をすれば、それらの条件を仮定的に同じにした（統制した）場合の5ジャンル別の視聴頻度得点（1～4までの値）の予測値を出せるのだ。

具体例でも説明しよう。「YouTubeアプリ受動的利用者」群は男性が60.6%を占め、平均年齢は34.6歳、そしてアプリ視聴分数は中央値で8.9分であった。また「YouTubeアプリ愛好者」群は男性が51.1%を占め、平均年齢は32.0歳、そしてアプリ視聴分数は中央値で22.9分であった。

今、「学びと社会情報」ジャンルを取り上げると、男性であることと年齢が高いことが「学びと社会情報」の視聴頻度の高さに正の相関関係を持っていた（ここまででは書いていないが、第8章で触れるようにそのような結果が出た）。つまり「YouTubeアプリ受動的利用者」群の方が「YouTubeアプリ愛好者」よりも男性比率が高いこと、また平均年齢が高いことの両方が「学びと社会情報」の視聴頻度を高くすることに影響している。

繰り返しになるが、予測値を用いた分析をすると、クラスター間の男女比や平均年齢、さらにはアプリ視聴分数などの差を仮定的に同じにした時の「学びと社会情報」の視聴頻度の予測平均値をクラスター別に出せる。つまり純粋に「そのようなアーキテクチャの使い方をする人たち」間の差だけがもたらす視聴頻度の差を見ることができる。

「純粋な」アーキテクチャ利用の差による動画ジャンル別視聴頻度の差

動画ジャンル別に各クラスターの視聴頻度の予測値を棒で示したのが図5-5である。まず注意して欲しいのは、これまでの形式とは違い、動画ジャンルごとに7本の棒が並んでおり、7本の棒はアーキテクチャクラスターを表している点だ。

また棒には垂直方向で線が引かれているが、この「ひげ」は信頼区間95%でとる値の範囲を示している。「ひげ」が長い場合は平均値を中心とした誤差が大きいということなので、平均値を示している棒の長さから直観的に受ける印象ほどの差は、実際のところない。またある棒の「ひげ」の下限よりも別の棒の「ひげ」の上限の方が高くても（数値が大きくても）、前者のクラスターの視聴頻度が有意に高いことがある。したがって視聴頻度に5%水準の有意差がある場合については以下に文章で示していくが、この点は注意して欲しい。

肝心の結果を、図5-5を見ながら動画ジャンル別に確認していくが、視聴頻度の数字の大小があまり気にならない読者は、視聴頻度に有意差がある場合のみをまとめた111頁の表5-2を見て、その先の記述へと進んでもらってかまわない。

「学びと社会情報」を最もよく見るのは「情報熱中者」群で、最も視聴しないのは「情報低関心者」群であった。5ジャンルを通じて視聴頻度が最も平均的な「YouTube受動的利用者」群を基準にすると、「学びと社会情報」を有意によく視聴する傾向を持つのは「情報熱中者」群と「YouTubeアプリ愛好者」群の2つだった[5]。逆に平均的なクラスターよりも「学びと社会情報」を有意に視聴しない傾向を持つのは「情報低関心者」群と「キーワード検索のみ」群の2つがあった。

同様に「エンタメとソフトニュース」の視聴頻度にも有意差はあるのだろうか。「YouTube受動的利用者」群を基準にすると、「エンタメとソフトニュース」を有意によく視聴する傾向を持つのは「情報熱中者」群と「YouTubeアプリ愛好者」群の2つだった。逆に有意に視聴しない傾向を持つのは「情報低関心者」群のみだった。

「サブカル系UGC」と「消費・生活系UGC」の2つのUGCジャンルは同じ

図5-5 「純粋な」アーキテクチャ利用の差による動画5ジャンル別視聴頻度（「ひげ」は95%信頼区間）

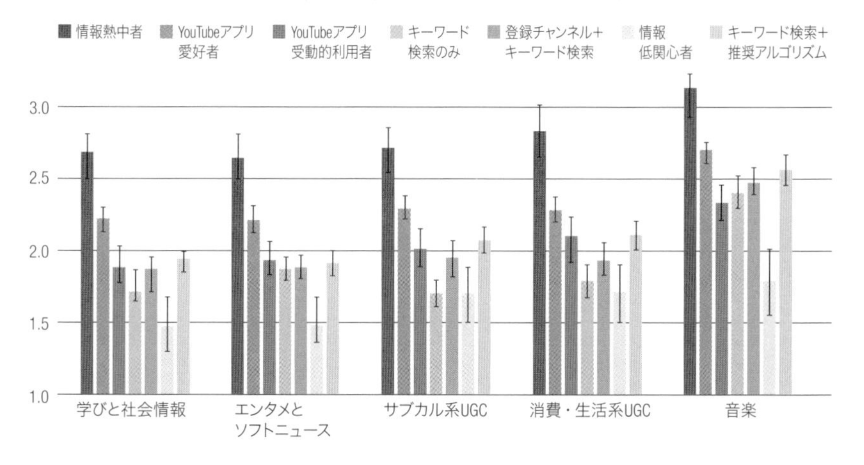

結果となった。すなわち「YouTube受動的利用者」群を基準にすると、「サブカル系UGC」あるいは「消費・生活系UGC」を有意によく視聴する傾向を持つのは「情報熱中者」群と「YouTubeアプリ愛好者」群の2つだった。逆に有意に視聴しない傾向を持つのは「情報低関心者」群に「キーワード検索のみ」群も加えた2群となった。

最後に「音楽」である。平均的な「YouTube受動的利用者」群を基準にすると、「音楽」を有意によく視聴する傾向を持つのは「情報熱中者」群と「YouTubeアプリ愛好者」群、さらに「キーワード検索＋推奨アルゴリズム」群を加えた3つとなった。逆に有意に視聴しない傾向を持つのは「情報低関心者」群のみであった。

動画推奨アルゴリズムをよく使うクラスターは幅広く動画を視聴する

以上の結果をまとめたのが表5-2で、平均的な「YouTubeアプリ受動的利用者」群との視聴頻度の有意差があった場合を、より高頻度で視聴しているクラスターとより低頻度で視聴しているクラスターに分けて示した。なお「クラスター」や「群」と表で記しているが、ここではクラスター間の男女比や平均年齢の差はコントロールされており、「純粋な」アーキテクチャ利用パターンのみでの視聴頻度の差となる。

まず全体から言えることは、「純粋な」アーキテクチャ利用パターンによって、動画ジャンルの視聴頻度には差があったということだ。すべての動画ジャンルにおいて、平均的なクラスターよりも、より高頻度で視聴するクラスターとより低頻度で視聴するクラスターがあり、大きな視聴頻度の差があったことになる。

これは第2章で触れたように、ケーブルテレビとインターネットを対象としたプライアー（2005)、また動画サービスには限らないインターネット全般での情報接触を検討した北村（2021）で示された、高選択メディアにおいては接触情報ジャンルの分断が起きるという知見と整合的な結果となった。しかもクラスター間の男女比や平均年齢やアプリ視聴

表5-2 「純粋な」アーキテクチャ利用差による動画ジャンル視聴頻度の差

動画ジャンル	平均的なクラスターより高頻度で視聴	平均的なクラスターより低頻度で視聴
学びと社会情報	「情報熱中者」群 「YouTubeアプリ愛好者」群	「情報低関心者」群 「キーワード検索のみ」群
エンタメとソフトニュース	「情報熱中者」群 「YouTubeアプリ愛好者」群	「情報低関心者」群
サブカル系UGC	「情報熱中者」群 「YouTubeアプリ愛好者」群	「情報低関心者」群 「キーワード検索のみ」群
消費・生活系UGC	「情報熱中者」群 「YouTubeアプリ愛好者」群	「情報低関心者」群 「キーワード検索のみ」群
音楽	「情報熱中者」群 「YouTubeアプリ愛好者」群 「キーワード検索＋推奨アルゴリズム」群	「情報低関心者」群

分数といった「不純物」を取り除いて、純粋に「そのようなアーキテクチャの使い方をする人たち」間の差だけがもたらす視聴頻度の差においてそのような結果が出た。

けれどもこの文脈でしばしば言われる「動画推奨アルゴリズムによって視聴したいものばかりを見ていると、娯楽色の強いものばかりを見るようになり、政治的情報やハードニュースといったジャンルに接触しなくなってしまう」という見方についてはそれを支持する結果は得られなかった。以下に確認していこう。

振り返ると、動画推奨アルゴリズムが直接的に機能しているアーキテクチャは「ホーム画面」と「2本目以降推奨」であった。そしてその2つをよく使うアーキテクチャクラスターは「情報熱中者」群、「YouTubeアプリ愛好者」群、「キーワード検索＋推奨アルゴリズム」群の3つであった。

その3つのクラスターは、表5-2では平均的なクラスターより高頻度で視聴する側にしか登場しない。そして「情報熱中者」群、「YouTubeアプリ愛好者」群については、5ジャンルすべて平均的なクラスターよりもよく視聴していることが示されている。そして政治的情報やハードニュースは「学びと社会情報」[6]ジャンルに含まれる。

したがって、動画推奨アルゴリズムが機能している「ホーム画面」と「2本目以降推奨」の利用頻度が高いクラスターは、YouTubeアプリでの視聴において限られたジャンルだけを視聴するという傾向はないどころか、むしろより幅広いジャンルを高い頻度で視聴するということである。ただし「キーワード検索＋推奨アルゴリズム」群については「音楽」だけを高い頻度で視聴するという結果となった。

今度は、表5-2の右側の平均的なクラスターよりも低い頻度で視聴するクラスターに目を向けると、それが「情報低関心者」群と「キーワード検索のみ」群であることがわかる。そしてこの2つのクラスターにおいては、動画推奨アルゴリズムが機能する「ホーム画面」と「2本目以降推奨」の利用頻度は高くない。ゆえに動画推奨アルゴリズムを高い頻度で利用することで、平均的なクラスターよりもある動画ジャンルを視聴しないということはなかった。

2020年のデータで分析した佐々木ら（2021b）でも、2020年の5つのアーキテクチャクラスターのうち最も平均的な「全アーキテクチャ中庸」群と比べた場合、動画推奨アルゴリズムを高い頻度で利用するクラスターにおいて、有意に低頻度で視聴される動画ジャンル[7]はなかったという知見が得られている。つまり2020年のデータと2021年のデータでは同じ結果となった。YouTube利用者数が増え、視聴時間も伸びた1年後のデータでも、動画推奨アルゴリズムを高い頻度で利用するクラスターが、ある動画ジャンルを有意に視聴しないということはなかったのである。

2020年の「登録チャンネル」群に見られた「分断」は2021年に解消された

さてもう1点、佐々木ら（2021b）の2020年のデータ分析から得られた「登録チャンネル」に関わる重要な知見にここで触れて、その議論を継続してみよう。その知見とは、2020年のアーキテクチャクラスターの1つであった「登録チャンネル」群において、「スポーツ・芸能・現場映像」「学び・社会情報」「エンタメ」の3ジャンルが平均的な群よりも有意に視聴されていなかったというものである。

第4章で示したように、動画ジャンル数は2021年に前年の6つから5つになったが、2020年の「スポーツ・芸能・現場映像」因子と「エンタメ」因子がまとまって2021年の「エンタメとソフトニュース」因子となったと考えて良いので、2021年の5動画ジャンルで言えば、「学びと社会情報」と「エンタメとソフトニュース」の2ジャンルを「登録チャンネル」群は視聴しない傾向を持っていたということである。

では2020年の「登録チャンネル」群が持っていた特徴が何かと言えば、「登録チャンネル」を3.56点と非常に高い頻度で利用し、「キーワード検索」が全体平均よりも低い2.87点であったことである。さらに「受信トレイ」(2021年の「通知」に近い)の利用は1.21点と極めて低かった点である。要は「通知」機能を利用せずに、直接「登録チャンネル」画面に行き、それを重点的に利用するという、いわば「ほぼ登録チャンネルにだけハマっている」という特徴であった。

「登録チャンネル」を最終的に登録するのは利用者自身、すなわち人である。たとえ「このチャンネルを登録してみてはどうですか」とYouTubeから、時には配信者から推奨されたとしても登録するのは利用者である。したがって、2020年データによる結果は、動画推奨アルゴリズムを使っているとある動画ジャンルを視聴しなくなるという仮説が支持されたのではなく、むしろその逆で、人間の力だけに頼っているとある動画ジャンルを視聴しなくなると解釈できるものだった。

この論点からつながる2021年データを利用した分析結果はあっけないものだった。なぜならば、「登録チャンネル」に偏って使う特徴を持つ2020年の「登録チャンネル」群は2021年には存在しなくなったからである。つまり2020年に見られた「学び・社会情報」ジャンルに接触する／接触しないという「分断」は解消されたのである。

そしてその理由は、YouTubeアプリの利用者数が増えたことと、「登録チャンネル」はそれだけを重点的に使い続けるのが難しいアーキテクチャだからだと考えられるが、後者については第8章で触れる。

3　動画ジャンルクラスター別に見るYouTubeアプリ利用行動

ここからは本章の後半に入り、動画ジャンル7クラスターのYouTubeアプリでの利用行動を見ていく。

動画ジャンルクラスター別のアプリ視聴分数とアプリでの視聴時間割合

2021年の動画ジャンルクラスターは図5-6に示した7つで、1日のYouTubeアプリ視聴時間の平均値と中央値がわかる。また図の右に全YouTube視聴時間に占めるアプリでの視聴時間の割合を入れている。

クラスター間の視聴時間に差があるかを平均値によって検討すると[8]、「全ジャンル高頻度」群が、「音楽のみ（ライト）」群と「全ジャンル低頻度」群と「娯楽と趣味・生活情報派」群の3つに比べて統計的に有意（5%水準、以下同様）に長く視聴していた。逆に「全ジャンル低頻度」群は、直前に書いた「全ジャンル高頻度」群の他に、「消費・生活系UGC志向」群と「娯楽と趣味・生活情報派」群と「学びと趣味・社会情報派」群よりも統計的に有意に視聴時間が短かった。

このことから、YouTubeアプリで長時間視聴する群は「全ジャンル高頻度」群と「消費・生活系UGC志向」群の2つ、中程度に視聴するのは「学びと趣味・社会情報派」群と「娯楽と趣味・生活情報派」群の2つ、視聴時間が短いのは「音楽のみ（ライト）」群、「マス向けプロコンテンツ志向」群、「全ジャンル低頻度」群の3つと見ることができる。したがって視聴時間の観点からは「全ジャンル高頻度」群と「消費・生活系UGC志向」群がスマホYouTubeにハマっていると言える。そして2つのクラスターの合計で全体の29.8%を占めた。

図5-6　動画ジャンルクラスター別のYouTubeアプリ1日視聴分数とアプリでの視聴時間割合

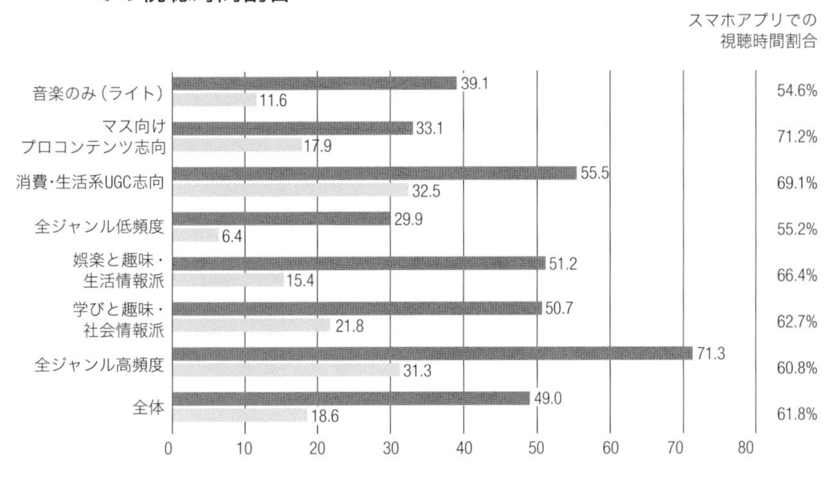

図5-6の右に示したアプリでの視聴時間割合を見ると、長時間視聴クラスターの1つである「消費・生活系UGC志向」群のアプリでの視聴時間割合は69.1%と高い。アプリ視聴分数の中央値だと順位が1位になるため、極端な長時間視聴者はいないもののアプリをメインで長めに視聴する人が多い群だと見受けられる。つまりスマホでのYouTubeへのハマり具合でいうと、「消費・生活系UGC志向」群がより強そうだ。

動画ジャンルクラスター別のチャンネル登録数

動画ジャンルクラスターによって登録チャンネル数が異なるかを、クラスターごとの選択肢番号[9]をそのまま得点に換算して算出した平均値で比較した。その結果が次頁の図5-7である。

最も多いのが「全ジャンル高頻度」群の5.09点、最も少ないのが「全ジャンル低頻度」群の2.93点で、それぞれ20個程度と5、6個程度となる。

図5-7 動画ジャンルクラスター別の登録チャンネル数（得点平均値）

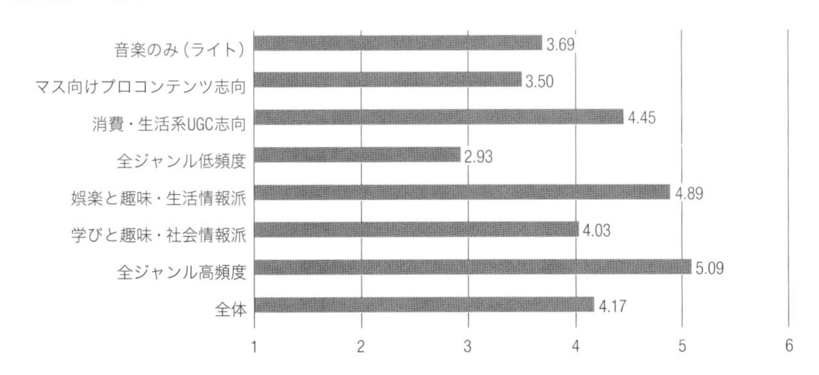

YouTubeアプリ視聴時間の長い「全ジャンル高頻度」群と「消費・生活系UGC志向」群は登録チャンネル数も多いが、「娯楽と趣味・生活情報派」群は「消費・生活系UGC志向」群よりも多く登録チャンネル利用は後述のとおり活発だ。

動画ジャンルクラスター別のアーキテクチャ利用頻度

ここからは動画ジャンルクラスターにより、アーキテクチャの利用頻度に違いがあるかをアーキテクチャ7因子の利用頻度得点と因子得点から見てみよう。それぞれを図5-8と図5-9に示した。

スマホYouTubeにハマっている「消費・生活系UGC志向」群は、図5-9からわかるように、全体平均に比べ「登録チャンネル」を高頻度で利用し、図5-8の得点も3.09点と高い。ただし「キーワード検索」は全体平均よりわずかに低く、順位としては6位である。そして「通知」「探索」「ライブラリ」は全体平均よりかなり低い利用頻度である。したがってこの群は、お気に入りの内容がすでにあり、それを提供するチャンネルを登録し、そこから複数本の動画をアプリで長時間視聴するスタイルだろうと推測できる。

次に、スマホYouTubeにハマっている「全ジャンル高頻度」群と登録

図5-8 動画ジャンルクラスター別の7アーキテクチャ利用頻度

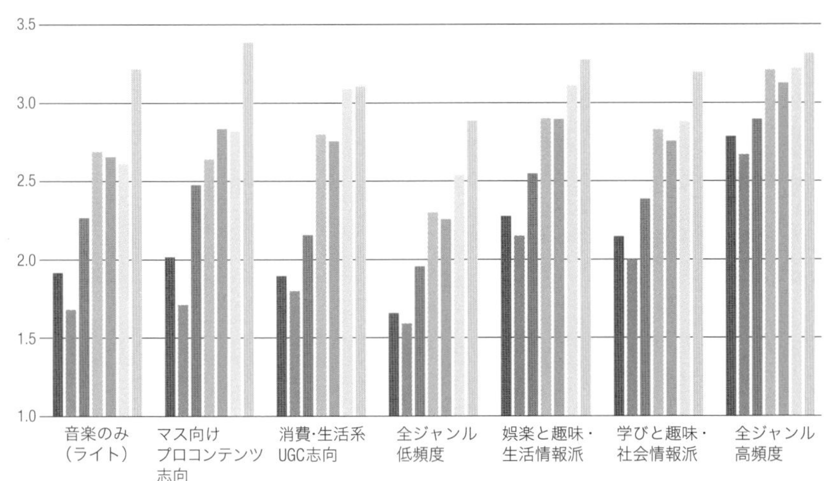

チャンネル数の多い「娯楽と趣味・生活情報派」群を見てみよう。すると、すべてのアーキテクチャの使用が平均以上であることは一緒だが、前者の方が平均以上の程度が大きいことが図5-9からわかる。「全ジャンル高頻度」群は相対的に見ると「キーワード検索」の利用がやや少なく見えるが、群内で見ると検索の利用頻度が3.32点と最も高くこれは全体傾向と一致している。このことから、「全ジャンル高頻度」群は、YouTubeの利用に長けており、利用目的や視聴ジャンルに合わせてアーキテクチャを使い分けている可能性が示唆される。それに比べると「娯楽と趣味・生活情報派」群は利用アーキテクチャの頻度に差があり、登録チャンネルの利用が活発だ。

スマホYouTubeにハマっていないクラスターの代表として「音楽のみ（ライト）」群を見てみると、「キーワード検索」だけは平均的に利用しているが、他のアーキテクチャは平均をかなり下回っていることが図5-9からわかる。したがってこの群は、気が向いた時にアーティスト名

図5-9 動画ジャンルクラスター別の7アーキテクチャ利用頻度（因子得点）

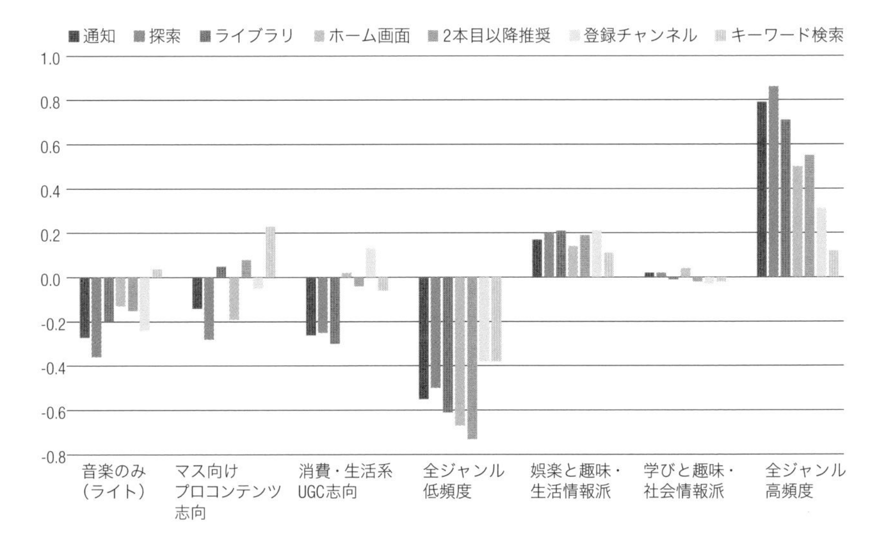

や楽曲名などで好きな音楽を「キーワード検索」で探して、音楽だけを人並みに視聴していることの多い群であろう。

最後にアプリでの視聴時間が中程度であった「学びと趣味・社会情報派」群だが、全アーキテクチャを平均的に使用する点に特徴を持つことが図5-9からわかる。このことは学び[10]やニュースなどに関わる動画を多めに見ている限りは、特定のアーキテクチャに偏った利用はさほど起きないことを示唆している。

4 動画ジャンルの視聴パターンとアーキテクチャ利用頻度

アーキテクチャの利用頻度についても、重回帰分析[11]を行って各群の予測値を計算してみた。その目的は、アーキテクチャクラスターの時と同じで、純粋に「そのような動画ジャンルの視聴をする人たち」間の差がもたらすアーキテクチャ利用頻度の差を見ることにある。

表5-3 「純粋な」動画ジャンル視聴パターンの差によるアーキテクチャ利用頻度の差

アーキテクチャ	平均的なクラスターより高頻度で利用	平均的なクラスターより低頻度で利用
通知	「全ジャンル高頻度」群	「全ジャンル低頻度」群 「音楽のみ(ライト)」群
探索	「全ジャンル高頻度」群 「娯楽と趣味・生活情報派」群	「全ジャンル低頻度」群 「音楽のみ(ライト)」群 「マス向けプロコンテンツ志向」群
ライブラリ	「全ジャンル高頻度」群	「全ジャンル低頻度」群 「消費・生活系UGC志向」群
ホーム画面	「全ジャンル高頻度」群	「全ジャンル低頻度」群
2本目以降推奨	「全ジャンル高頻度」群	「全ジャンル低頻度」群
登録チャンネル	「全ジャンル高頻度」群	「音楽のみ(ライト)」群
キーワード検索	なし	「全ジャンル低頻度」群 「消費・生活系UGC志向」群

予測値による検定を行った結果をまとめたのが表5-3で、平均的な「学びと趣味・社会情報派」群とのアーキテクチャ利用頻度の有意差があった場合を、より高頻度で利用しているクラスターとより低頻度で利用しているクラスターに分けて記した。なお「クラスター」や「群」と表中にあるが、ここでもクラスター間の男女比や平均年齢の差はコントロールされており、「純粋な」動画視聴パターンのみでのアーキテクチャ利用頻度の差が示されている。

まず全体から言えることは、「純粋な」動画視聴パターンによって、アーキテクチャの利用頻度には差があったということだ。これは平均的な「学びと趣味・社会情報派」群に比べて当該のアーキテクチャをより高頻度で使う群とより低頻度で使う群があったからである。

もう少し細かく見ると、平均的なクラスターよりも有意に高頻度で利用する方に現れるのは、「探索」における「娯楽と趣味・生活情報派」群を除くと「全ジャンル高頻度」群のみであった。このことは幅広い動画ジャンルを視聴しないと、多くのアーキテクチャを頻度高く利用するようにはならないということを示唆している。また「キーワード検索」を平均的なクラスターよりも有意に高頻度で利用するクラスターはなかった。

逆に平均的なクラスターより低頻度で利用する表の右側に登場するクラスターは多かった。そして「音楽」のみを視聴すると（アプリ視聴時間などは統制されているので)、「通知」と「登録チャンネル」を使う頻度が低い、「消費・生活系UGC」を中心的に視聴すると「ライブラリ」と「キーワード検索」を使う頻度が低いということが明らかになった。つまり動画ジャンルによってなじまないアーキテクチャがあるということを示唆している。

5 まとめ

本章では、2021年データを利用して7つのアーキテクチャクラスターと7つの動画ジャンルクラスター別に、YouTubeアプリの利用行動を記した。ここでは文章を繰り返すことはやめて、アーキテクチャクラスター別の表5-4と動画ジャンルクラスター別の表5-5に各クラスターの特徴を示して、その部分のまとめとしたい。

またこれまでの学術研究と関連して、「純粋な」アーキテクチャの使い方の差による動画ジャンル視聴頻度の差の問題を本章では扱った。その結果は、YouTubeも高選択メディアであり、アプリでの視聴においては接触情報ジャンルの分断が起きているという知見がまず得られた。しかし動画推奨アルゴリズムが機能する「ホーム画面」と「2本目以降推奨」の利用頻度が高いクラスターは、YouTubeアプリでの視聴において限られたジャンルだけを視聴する、あるいは視聴頻度の低いジャンルがあるということはなかった。そしてむしろ、より幅広いジャンルを高い頻度で視聴していたことが明らかになった。

表5-4 アーキテクチャクラスター別のYouTubeアプリ利用行動まとめ

	情報熱中者	YouTubeアプリ愛好者	YouTubeアプリ受動的利用者	キーワード検索のみ	登録チャンネル＋キーワード検索	情報低関心者	キーワード検索＋推奨アルゴリズム
アプリ視聴分数	長い	やや長い	中程度	短い	中程度	短い	長い
アプリ視聴時間割合	低い	高い	低い	中程度	やや高い	低い	高い
登録チャンネル数	多い	やや多い	中程度	少ない	中程度	少ない	多い
よく視聴する動画ジャンル	すべて高い頻度で視聴	すべて平均以上に視聴	平均的だが、音楽だけやや少ない	すべての視聴が平均以下	すべて平均より少し低い	すべてが低い頻度	音楽と2つのUGMを平均以上に視聴

表5-5 動画ジャンルクラスター別のYouTubeアプリ利用行動まとめ

	音楽のみ（ライト）	マス向けプロコンテンツ志向	消費・生活系UGC志向	全ジャンル低頻度	娯楽と趣味・生活情報派	学びと趣味・社会情報派	全ジャンル高頻度
アプリ視聴分数	短い	短い	やや長い	短い	中程度	中程度	長い
アプリ視聴時間割合	低い	高い	高い	低い	やや高い	中程度	やや低い
登録チャンネル数	中程度	中程度	多い	少ない	多い	中程度	多い
よく利用するアーキテクチャ	キーワード検索	キーワード検索、ライブラリ、2本目以降推奨	登録チャンネル、ホーム画面	すべての利用が平均以下	すべて平均以上に利用	すべて平均的に利用	すべて平均以上に利用

1 YouTubeアプリの「視聴時間」表示機能を用いて、スマートフォンでのYouTubeアプリ利用に限らず、他デバイスも含めた視聴時間を回答してもらった。また全YouTube視聴時間に占めるアプリでの視聴分数割合を尋ねる質問で、主観によって「1：0%」から「21：96～100%」で回答してもらった。この割合を全YouTube視聴時間にかけてYouTubeアプリの視聴時間を算出した。

2 分散分析（$F(6, 779) = 15.23, p < .001$）とその後の多重比較を行った。平均値は右に裾の長い分布であるため対数変換した変数を用いた。

3 選択肢は以下のとおり。「1：0」「2：1～5」「3：6～10」「4：11～15」「5：16～20」「6：21～30」「7：31～50」「8：51以上」。

4 東京大学教養学部統計学教室, 1994

5 5ジャンルの視聴頻度を目的変数、7群を説明変数として重回帰分析を行った。7群にはダミー変数を用い、「YouTube受動的利用者」群をベースカテゴリーとした。統制変数には、性別（女性ダミー）、年齢、教育年数、YouTubeアプリ利用分数（対数）1セッションあたり視聴本数を用いた。

6 「学びと社会情報」因子に対して因子負荷量の高い視聴内容には「学業や仕事・副業に関わる実演・解説動画」(0.64)、「講義・講演映像（教養や知識を得るもの）」(0.63)、「政治・経済・社会のニュース・報道・ドキュメンタリー」(0.59) がある。

7 2020年データなので動画ジャンルは6因子である。

8 分散分析（$F(6, 779) = 9.293, p < .001$）とその後の多重比較を行った。平均値は右に裾の長い分布であるため対数変換した変数を用いた。

9 選択肢は以下のとおり。「1：0」「2：1～5」「3：6～10」「4：11～15」「5：16～20」「6：21～30」「7：31～50」「8：51以上」。

10 ここでの「学び」には「学業や仕事・副業に関わる実演・解説動画」「生活に必要な実演・解説動画」「趣味に関わる実演・解説動画」が含まれる。

11 7アーキテクチャの利用頻度を目的変数、7群を説明変数として重回帰分析を行った。7群にはダミー変数を用い、「学びと趣味・社会情報派」群をベースカテゴリーとした。統制変数には、性別（女性ダミー）、年齢、教育年数、YouTubeアプリ利用分数（対数）1セッションあたり視聴本数を用いた。

第6章

ハマる人のタイプ——7つのクラスターの心理傾向

この章では、YouTubeアプリ利用者の心理傾向面から7つのアーキテクチャクラスターの特徴を見ていく。心理傾向は行動ではないので、それはYouTubeの運営者側が捉えている利用者行動データからは直接的に知ることのできないものとも言える。

本書でYouTubeアプリ利用との関係で着目した心理傾向には3つがある。1つ目がYouTubeに対する印象で、これは利用者がYouTubeやその機能をどのようなイメージで捉えているのかというものである。2つ目は情報接触傾向である。これは、自分に合った情報だけを求める気持ちと、それとは対照的に様々な情報や意見を求める気持ちに関する心理傾向のことである。3つ目がYouTube利用における過多感で、これは情報やコンテンツの質や量に対するストレスに関するものである。

本章の流れとしては、まずこれらの3つの心理傾向に関する基本的な結果を3つの節にわたって示す。その後、YouTubeのアーキテクチャ利用との関係についての分析結果を第4節以降で述べていく[1]。そして最後の第8節で、スマホYouTubeにハマっているクラスターとスマホYouTubeにハマっていないクラスターの心理傾向を整理する。

1 YouTubeに対する印象の3因子

2021年調査では、YouTubeアプリ利用者に対してYouTubeの印象について、5件法（5：よくあてはまる、4：あてはまる、3：どちらとも言えない、2：あてはまらない、1：まったくあてはまらない）で25項目を尋ねた。ここから他の項目との関連性の低い項目を取り除き、残ったのが図6-1の19項目である。

まず、「よくあてはまる」と「あてはまる」の選択率、つまりその印象への同意率の合計でみた場合、最も高かったのは「自分はYouTubeでは、好きな人や好きなものについての動画を見聞きしがちだ」の67.3%であった。これについで「自分はYouTubeでは、見たいものばかりを見聞きしがちだ」が67.2%、「自分はYouTubeでは、似た内容の動画を何本も見

図6-1 YouTubeの印象に関する19項目の回答分布（N=786）

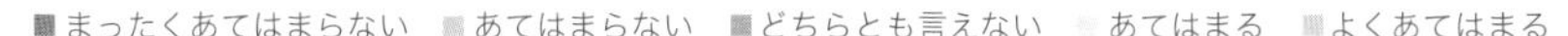

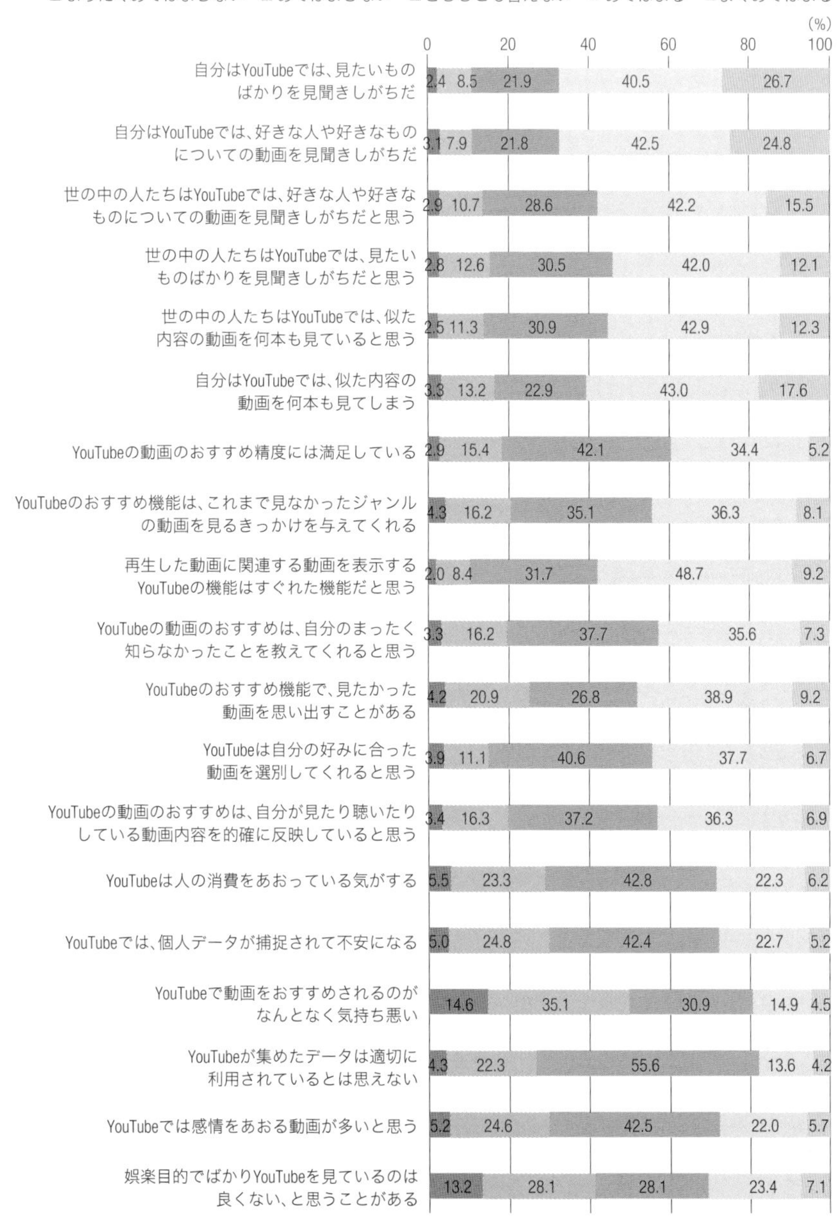

てしまう」が60.6%であった。

全体の6割以上が同意したのはこの3項目であり、YouTubeが「好きな人・もの」や「見たいもの」の動画を見るためのサービスであり、そしてそういったものを視聴しがちなために「似た内容」の動画をたくさん視聴してしまうことになるといった点には多くの利用者が同意しているとみることができるだろう。

反対に、この同意率が最も低かった項目が「YouTubeが集めたデータは適切に利用されているとは思えない」の17.8%であった。そしてその次が「YouTubeで動画をおすすめされるのがなんとなく気持ち悪い」で19.4%であった。全体の2割未満の同意率であったのはこの2項目であり、同意率が3割程度よりも下であった項目はいずれもYouTubeに対する印象がネガティブであることを表す項目であった。

その中でも特に「YouTubeで動画をおすすめされるのがなんとなく気持ち悪い」と「娯楽目的でばかりYouTubeを見ているのは良くない、と思うことがある」は「まったくあてはまらない」と「あてはまらない」をあわせた否定率で見てもそれぞれ49.7%、41.3%と全体の4割以上が否定した項目であった。

この調査への回答者はそもそもYouTubeアプリを週に1回以上使っている人たちである。よく使っている人たちはYouTubeに対して比較的ポジティブな捉え方をしており、ネガティブな印象を持っていない。むしろネガティブな印象には否定的であるというのも当然のことである。ただ、その中でも本書で着目しているYouTubeの推奨アルゴリズムというアーキテクチャは利用者から拒否されていないことが否定率の高さで示されている点は本書の関心からは特筆すべき点である。

この19項目を第3章でも用いた因子分析[2]という分析手法を使って、次の3つの因子に分類して名前をつけた[3]。

1. 「嗜好性による内容偏向」

2.「推奨アルゴリズムに対する肯定的評価」
3.「YouTubeに対する不安感・否定的評価」

詳細な分析結果は既発表であるため参考文献[4]に譲り、ここでは内容を押さえていこう。第1因子はYouTubeでは利用者の好みに合わせて内容が偏っていくという印象の度合いを表しているものと解釈できる「嗜好性による内容偏向」因子である。「自分はYouTubeでは、見たいものばかりを見聞きしがちだ」「自分はYouTubeでは、好きな人や好きなものについての動画を見聞きしがちだ」「世の中の人たちはYouTubeでは、好きな人や好きなものについての動画を見聞きしがちだと思う」などの6つの項目と関連が強い。

第2因子はYouTubeのおすすめ機能、つまりその推奨アルゴリズムについてポジティブな印象の強さを表す「推奨アルゴリズムに対する肯定的評価」因子である。関連する具体的な項目の内容を先の図6-1で見ていくと、「YouTubeの動画のおすすめ精度には満足している」「YouTubeのおすすめ機能は、これまで見なかったジャンルの動画を見るきっかけを与えてくれる」「再生した動画に関連する動画を表示するYouTubeの機能はすぐれた機能だと思う」などの7つの項目であった。

そして、YouTubeへの不安な気持ちやネガティブな印象の強さを表すのが第3因子の「YouTubeに対する不安感・否定的評価」因子である。具体的には「YouTubeは人の消費をあおっている気がする」「YouTubeでは、個人データが捕捉されて不安になる」「YouTubeで動画をおすすめされるのがなんとなく気持ち悪い」などの6項目が第3因子と強く関連していた。

これらの3つの因子にそれぞれ対応する項目の得点を足し合わせて項目数で割った値を3因子に対応するYouTubeについて各回答者が持つ印象の強さの得点とした。すなわち5点満点の絶対的な印象の強さを示す指標である。

まず、3つの得点の平均値は「嗜好性による内容偏向」得点が3.62点

（標準偏差0.67）、「推奨アルゴリズムに対する肯定的評価」得点が3.31点（標準偏差0.58）、「YouTubeに対する不安感・否定的評価」得点が2.88点（標準偏差0.59）であった。つまり3因子で示される印象の強さは「嗜好性による内容偏向」「推奨アルゴリズムに対する肯定的評価」「YouTubeに対する不安感・否定的評価」の順で高かった。[5] ニュートラルを示す「どちらとも言えない」に対応する3点を「YouTubeに対する不安感・否定的評価」得点の平均値が下回っていたので、この印象の強さは他の2つからは少し離されていた。平たく言えば、YouTubeへの不安は全体的に低めで、YouTubeはどちらかと言えば肯定的評価を得ているということだ。

またこれらの3つの得点の相関係数を確認すると（表6-1）、「嗜好性による内容偏向」得点と「推奨アルゴリズムに対する肯定的評価」得点の相関係数は0.50と中程度の相関を示す正の値であるのに対し、「YouTubeに対する不安感・否定的評価」得点は第1因子と0.04、第2因子と-0.06とほぼゼロ、つまり無相関と言い得る値であった。

表6-1　YouTubeに対する印象3因子の相関係数

	嗜好性による内容偏向	推奨アルゴリズムに対する肯定的評価	YouTubeに対する不安感・否定的評価
嗜好性による内容偏向	—		
推奨アルゴリズムに対する肯定的評価	0.50	—	
YouTubeに対する不安感・否定的評価	0.04	-0.06	—

これらをまとめると次のように言えるだろう。YouTubeでは利用者の好みに合わせて内容が偏っていくという印象は利用者の間で相対的に強く持たれている。またYouTubeの推奨アルゴリズムに対する肯定的な印象は、YouTubeが嗜好性による内容偏向につながるという印象とある程度関係しており、YouTubeの推奨アルゴリズムがよくできていると感じ

ている人ほど嗜好性による内容偏向が生じうると捉えている、と。
一方で、YouTubeに対する不安感や否定的評価は先の2因子と相関関係にあるとは言えず、つまり推奨アルゴリズムの有効性やそれにともなう視聴内容の偏向といったことについては、ネガティブに捉える人もいればそうではない人もいるということである。

2　情報接触傾向に関する2因子

第2章でエコーチェンバーやフィルターバブルの問題を紹介したが、この問題に関連する心理的傾向として本章で着目したいのが情報接触傾向である。これは情報に接触する環境のカスタマイゼーションに関連する個人の志向性として、「エコーチェンバー的な環境」を求めるのか、あるいは様々な情報や意見に接触できそうな「非エコーチェンバー的な環境」を求めるのかに着目する概念である。
2021年調査では、この情報接触傾向について先行研究[6]を参考に作成した次頁の図6-2で示した10個の意見について、回答者がどの程度同意できるかを同じく図6-2に示した5件法で尋ねた。[7]
回答分布で、「まったくそのとおりだと思う」「そのとおりだと思う」という肯定的な選択肢を選んだ割合、つまり同意率の高かった項目を確認しよう。すると、最も同意率の高かった項目は「様々な情報源から情報や意見を集めることが重要だ」で72.8%であった。そしてそれについで「興味はなくても、社会の一員として知っておくべきことがある」が71.1%であった。同意率が全体の7割を超えたのはこの2項目で、皆がそのように考えているというだけでなく、どちらの項目も社会的望ましさを持つ内容と見なされている可能性が考えられよう。
そしてこれらの項目は前述の非エコーチェンバー的な環境を求める意見を表しているわけだ。つまり全体として、そのような非エコーチェンバー的な環境を求める意見を表す項目への同意率は高かったことが図6-2からわかる。

図6-2の項目を同意率で並べ替えた場合、非エコーチェンバー的な環境を求める意見で最も同意率の低かったのは「政治・経済・社会の動きを伝えるニュースには意識して自分から接している」の49.8%であった。これに対し、エコーチェンバー的な環境を求める意見でもっとも同意率の高かった「同意できない主張の記事があったら、その記事を読むのを止めて良い」でも同意率は41.9%で、前記の49.8%よりも低かったことは注目に値しよう。

どういうことかと言えば、YouTubeに対する印象としては、YouTubeがある意味エコーチェンバー的な環境を作り出していることをアプリ利用者は認めていたものの、情報接触傾向については非エコーチェンバー的な環境を求める意見の方が優勢であったということである。この解釈は

図6-2 情報接触傾向に関する10項目の回答分布（N=786）

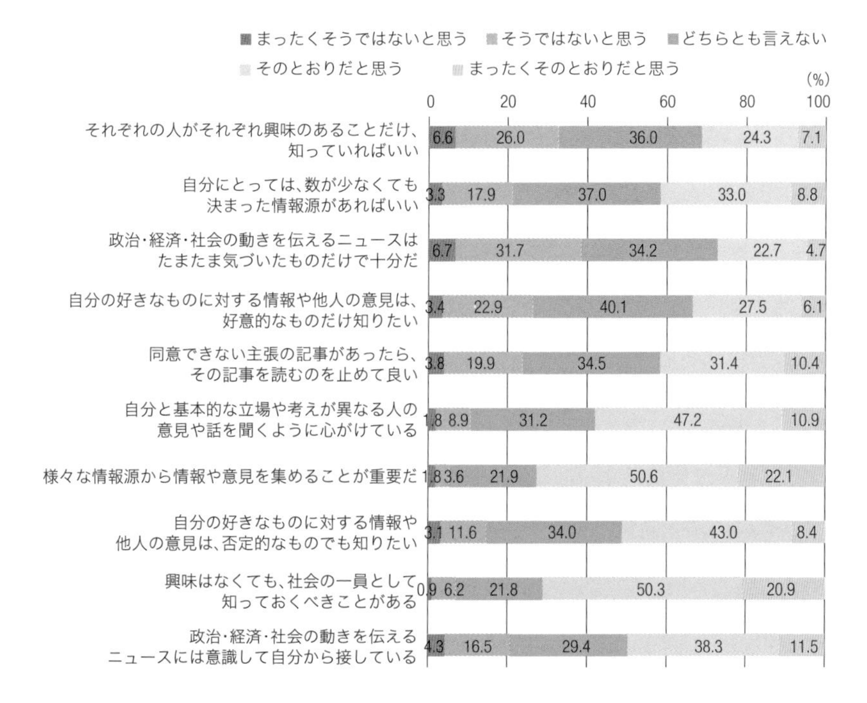

難しいが、仮に推奨アルゴリズムに代表されるアーキテクチャによって嗜好性による内容偏向が実際にもたらされているという立場に立てば、意思よりも技術による影響力が強いという解釈が可能となる。この点については第9章で論じたい。

この10個の意見に対する回答データを、また因子分析[8]によって分類した結果、2つの志向性が別のものとして見られることがわかった。[9]

1つ目の「エコーチェンバー志向」因子は、「それぞれの人がそれぞれ興味のあることだけ、知っていればいい」や「自分にとっては、数が少なくても決まった情報源があればいい」といった項目を含む、エコーチェンバー的な、自分の好みや興味に合った情報空間を求める志向性を表すものである。もう1つの「情報多様性志向」因子は、「自分と基本的な立場や考えが異なる人の意見や話を聞くように心がけている」「様々な情報源から情報や意見を集めることが重要だ」「自分の好きなものに対する情報や他人の意見は、否定的なものでも知りたい」といった項目で構成される自分の興味関心や意見との一致不一致はともかく、様々な情報や意見に触れることを求める志向性を表すものである。

これら2つの因子に強く関係する項目の得点を合計して、項目数で割ったものをそれぞれ5点満点の「エコーチェンバー志向」得点、「情報多様性志向」得点として扱った。[10]

まず、「エコーチェンバー志向」得点については、平均値が3.09点と代表値は中庸な値であった。それに対して「情報多様性志向」得点の平均値は3.61点と「エコーチェンバー志向」得点に比べて高い値であった。[11]個々人の得点を比べても、6割以上の回答者は「エコーチェンバー志向」よりも「情報多様性志向」の方が点数が高かった。

この「エコーチェンバー志向」と「情報多様性志向」は相反する志向性のように見えるかもしれないが、両方の志向性を同時に持ち得ないわけではない。すなわち「エコーチェンバー志向」と「情報多様性志向」が必ずしも一次元上の対極にある志向性というわけではない。とはいえ、

2つの志向性の得点について相関分析を行うと、相関係数は-0.23となり、弱いが有意な負の相関関係にあった。

なかなか事情は複雑だが、ここで強調しておきたいのは、2つの志向性は負の相関関係にあるがそれは強いものではなく、どちらの志向性も持っていなかったり、両方の志向性を持っていたりすることはありうるということである。

3 YouTube利用における過多感の3因子

本書で注目している推奨アルゴリズムを含めたアーキテクチャの活用は、情報過多感（information overload）やコミュニケーション過多感（communication overload）と関係しうるものである。特に推奨アルゴリズムが技術的に求められた背景には、情報通信技術の普及による情報量の爆発的増大があると言って良い。処理しなければならない情報量の増加は情報処理技術による支援が求められ、その支援手段の一つの形として推奨アルゴリズムは開発され、発展してきた側面がある。

YouTubeには膨大な動画コンテンツがアップロードされており、そして膨大なYouTubeチャンネルが開設されている。そして、YouTube利用者は自分の視聴したい動画やチャンネルを見つけていくことになっている。こうした中で、YouTubeアプリ利用者は様々な情報・コンテンツがあること、あるいはそうした中から求めるものを見つけなければならないことをどのように感じているだろうか。

そのようなYouTube利用における過多感、あるいは情報の量や質に関わる印象に関する項目を2021年調査では27個作成し、回答者に対して5件法[12]で尋ねた。そこから他の項目との関連性の低い項目を取り除き、残ったのが図6-3の23項目である。

YouTubeに対する印象や情報接触傾向と同様に、肯定的な選択肢（「よくあてはまる」と「あてはまる」）の選択率の合計、つまり同意率に着目すると、この過多感については全体的に低めであった。最も同意率の

図6-3 YouTube利用における過多感に関する23項目の回答分布（N=786）

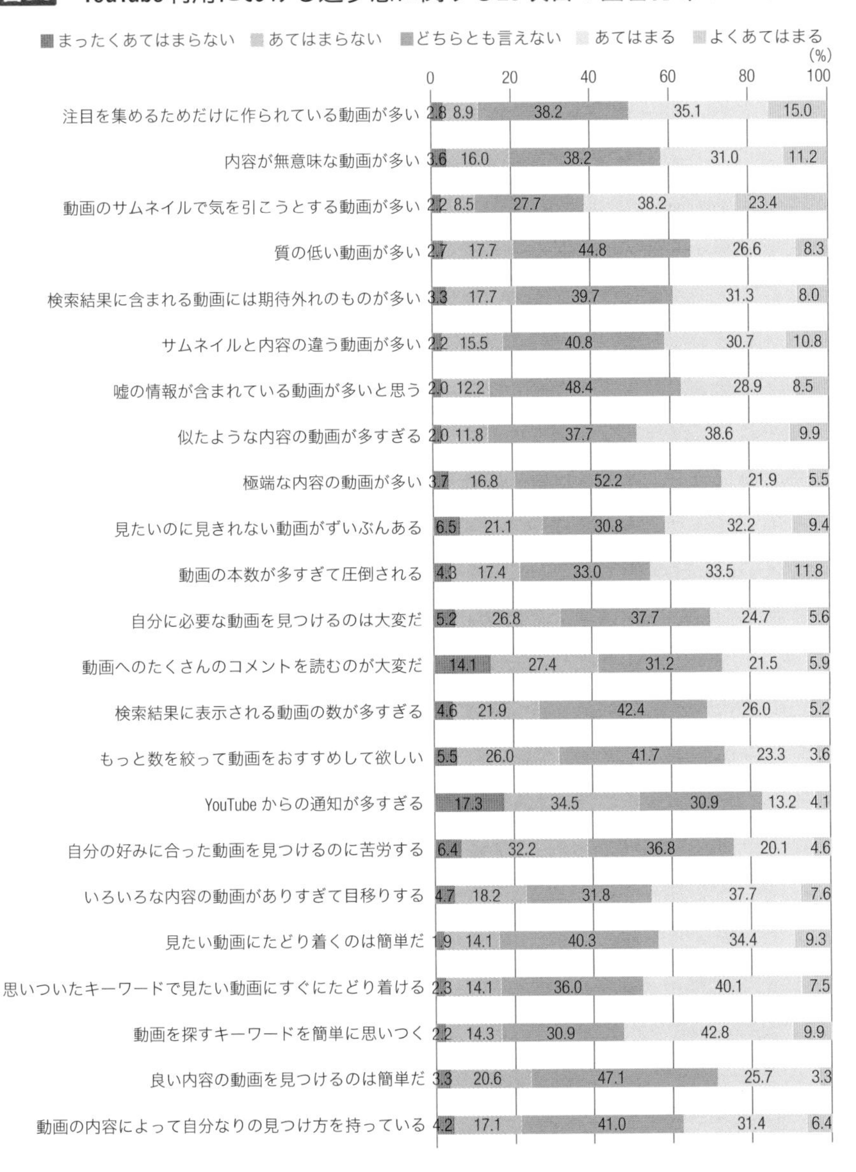

高かった「動画のサムネイルで気を引こうとする動画が多い」では同意率61.6%であったものの、回答者の過半数が同意した項目は他に52.7%の「動画を探すキーワードを簡単に思いつく」、50.1%の「注目を集めるためだけに作られている動画が多い」の2つで、残りの20項目の同意率は5割に満たなかった。

繰り返しになるが、調査への回答者はYouTubeをある程度利用している人たちである。YouTubeアプリ利用における過多感は、ある意味でYouTubeをネガティブに捉える感覚であるため、回答者の中での同意率があまり高くなかった可能性が考えられる。つまり、YouTube利用における過多感があまりに強ければ、YouTube利用をやめてしまう可能性が考えられるため、YouTube利用における過多感が強い人は本調査の対象者になりにくいとも言えるだろう。

今度は、否定的な選択肢（「まったくあてはまらない」と「あてはまらない」）の選択率の合計、つまり否定率に着目しよう。すると、最も否定率が高かったのは51.8%の「YouTubeからの通知が多すぎる」であり、否定が回答者の過半数を占めたのはこの1項目のみであった。

このことは単に「通知」機能に由来する過多感が全体的には低かったという可能性がまず考えられる。けれども「通知」機能というアーキテクチャをそもそも利用していない人も多いという可能性も考えられよう。第3章で確認したように、YouTubeのアーキテクチャのなかで「通知」は相対的に利用されていない方であったことから、この可能性は十分に考えられるところであろう。

この23項目をここまでと同じように因子分析[13]によって分類した結果、次の3つの内容に分類することができた。

1. 「低質コンテンツ過多感」
2. 「情報・コンテンツ過多感」
3. 「検索・発見の自己効力感」

1つ目の「低質コンテンツ過多感」因子は「注目を集めるためだけに作られている動画が多い」「内容が無意味な動画が多い」「動画のサムネイルで気を引こうとする動画が多い」などと関連しており、低質なコンテンツがYouTubeには多いと感じている度合いをこの因子は表している。

2つ目は「情報・コンテンツ過多感」因子で、「見たいのに見きれない動画がずいぶんある」「動画の本数が多すぎて圧倒される」「自分に必要な動画を見つけるのは大変だ」などの項目からなり、YouTubeで公開されているコンテンツだけでなく、それに関連してコメントや通知の表示量が多すぎると感じていることを表す因子であった。

そして3つ目の「検索・発見の自己効力感」因子[14]は「見たい動画にたどり着くのは簡単だ」「思いついたキーワードで見たい動画にすぐにたどり着ける」といった過多感を否定する内容の項目と関連していた。

これまでと同様に、これら3つの因子[15]に関連する各項目の得点を因子ごとに単純加算し、項目数で除したものを各回答者の各因子に関する5点満点の得点とした。

まず平均値でみると、「低質コンテンツ過多感」得点が最も高く（3.34点, 標準偏差0.61）、ついで「検索・発見の自己効力感」得点（3.28点, 標準偏差0.56）、そして「情報・コンテンツ過多感」得点（2.98点, 標準偏差0.59）であった。つまり今回の項目で見ると、量へのストレスよりも質へのストレスの方が高いという結果となった[16]。

これら3つの得点の相関関係を示したのが次頁の表6-2である。すると「低質コンテンツ過多感」得点と「情報・コンテンツ過多感」得点は中程度の正の相関関係にあった（r=.47）一方で「検索・発見の自己効力感」得点は、「低質コンテンツ過多感」得点（r=-.01）、「情報・コンテンツ過多感」得点（r=-.06）のいずれとも相関係数はゼロに近かった。

これらの結果から、「低質コンテンツ過多感」と「情報・コンテンツ過多感」はある程度関係しており、一方の過多感が高ければ他方も高く、一方の過多感が低ければ他方も低いという傾向にあることがわかる。だ

表6-2 YouTube利用における過多感3因子の相関係数

	低質コンテンツ過多感	情報・コンテンツ過多感	検索・発見の自己効力感
低質コンテンツ過多感	—		
情報・コンテンツ過多感	0.47	—	
検索・発見の自己効力感	-0.01	-0.06	—

が、それら2つの過多感と「検索・発見の自己効力感」は負の関係にはなく、検索・発見がうまくできると自分で思っていても、過多感あるいはそのストレスが必ずしも解消できるわけではないようである。つまり過多感はある中で自分は必要な動画をうまく見つけられているという人や、過多感はないけれども必要な動画をうまく見つけられているとも感じていないという人もいるようである。

4 アーキテクチャクラスターへの所属確率に関係する因子

ここまでで3つの心理傾向について、合計8つの因子を理解してきた。よってここからは、本章の本題である心理傾向とYouTubeのアーキテクチャ利用との関係について、分析結果に基づきながら見ていこう。

具体的には、アーキテクチャ7クラスターのどれに属するのかに対して、各心理傾向の得点の高低がどのように関係するのかを多項ロジット分析という手法を用いて検討した。多項ロジット分析とは、多変量解析手法の1つで、3つ以上のカテゴリーに分かれる場合に各要因がカテゴリーの割合にどのように関係するのかを分析する方法である。たとえば、3つ以上の政党が立候補している選挙で、どこの政党に人びとが投票するのかの規定要因を検討するために使われたりする分析方法である。

多項ロジット分析に進む前に、まず本章で検討する3つの心理傾向とそれを構成する各因子が、アーキテクチャ7クラスターのどれに属するのかに対して、統計的に意味があると言えるほど関係するのかどうかを見ておく必要がある。その分析結果を示したのが図6-4で、8因子のLR統計量がグラフ化されている。

図6-4 8つの因子のLR統計量

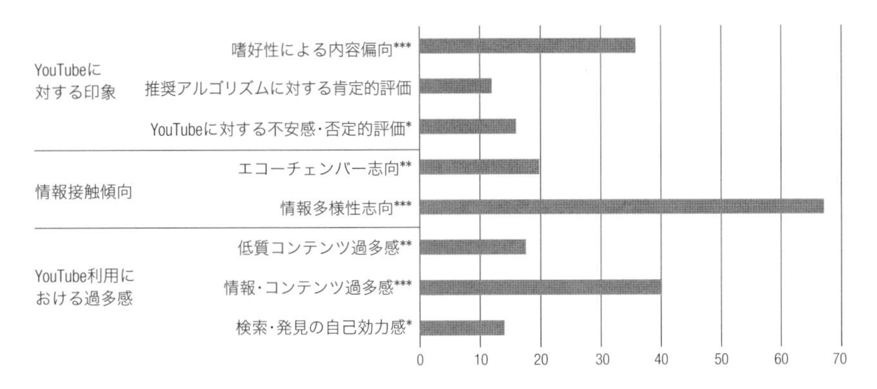

単純化して言えば、LR統計量が大きいほど統計的に「意味のある関係がある」と言えるようになる。そしてグラフ中の各因子名の横にアスタリスク（*）が1つ以上ついているものは統計的に意味のある関係がある。逆に、ついていないものは統計的に意味のある関係があるとは言えないことを示している。したがってYouTubeに対する印象における「推奨アルゴリズムに対する肯定的評価」因子の高低はアーキテクチャ7クラスターのどれに属するかと関係があるとは言えないが、他の心理傾向の高低は関係があると判断できる。

見通しが立ったので、ここからは、具体的に各心理傾向がアーキテクチャ利用とどのように関係しているのか、つまり「推奨アルゴリズムに対する肯定的評価」以外の7つの因子の強い弱いが、アーキテクチャ7クラスターに所属する上でどう関係しているのかを詳しく見ていこう。

5 YouTubeに対する印象の違いとアーキテクチャクラスターへの所属確率の関係

ではYouTubeに対する印象から見ていこう。先に確認したとおり、アーキテクチャ7クラスターと統計的に意味のある関係にあったのは、「嗜好性による内容偏向」と「YouTubeに対する不安感・否定的評価」の2つの因子であった。

まず「嗜好性による内容偏向」という印象の強弱を示す得点の高低とアーキテクチャ7クラスターに所属する確率（割合）の分析結果をグラフ化したのが図6-5である。横軸は心理傾向得点の高低を表しており、この図では「嗜好性による内容偏向」得点が高いほど、すなわちYouTubeについて嗜好性による内容偏向が生じているという印象を強く持っているほど右側になる。縦軸はアーキテクチャ7クラスターの割合を示していて、縦に並ぶ7つの点の値の合計は「1」、すなわち100%に

図6-5 「嗜好性による内容偏向」得点と各クラスター所属確率の関係

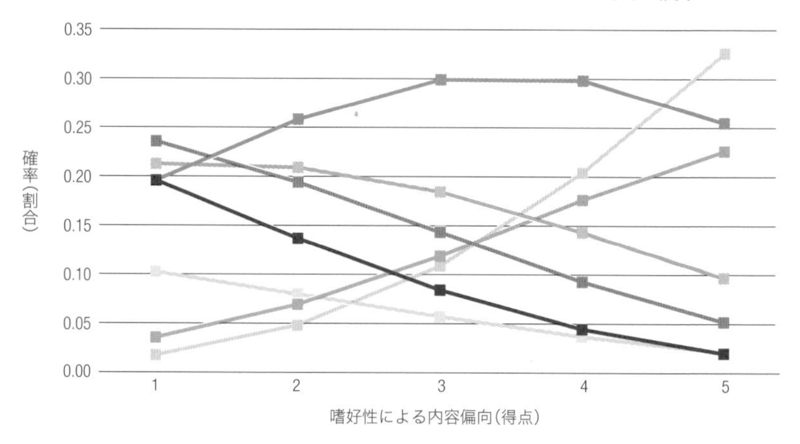

なる。心理傾向得点は1点から5点の間で変動するので、1点刻みでのアーキテクチャ7クラスターの割合（構成比）を折れ線で示した。

なお、このグラフは見やすさのために信頼区間を表示していないが、このグラフでの点のプロットは誤差のある推定値である。したがって、グラフの見た目では縦軸の割合が増減しているようにみえても、その増減に統計的に意味がない場合もありうる。その点にも触れながら、グラフを読み解いていこう。

「嗜好性による内容偏向」が高いと所属確率が上がる2つのクラスター

結論から述べると、YouTubeに対して「嗜好性による内容偏向」という印象が強いと、そのクラスターに所属する確率が上がるのは「登録チャンネル＋キーワード検索」と「キーワード検索＋推奨アルゴリズム」の2つのクラスターであった。それは図6-5の右肩上がりの折れ線に現れている。

グラフの読み方の練習も兼ねて詳細に見ていこう。YouTubeに対して「嗜好性による内容偏向」という印象が最も弱い1点だった場合、「登録チャンネル＋キーワード検索」と「キーワード検索＋推奨アルゴリズム」の2つのクラスターに所属する割合は推定値で0.05未満、つまり5%未満となっており、非常に少ない。

しかしこの2クラスターはいずれも、「嗜好性による内容偏向」という印象が強くなるほど有意に割合が増加する結果となっている。両方とも「嗜好性による内容偏向」という印象が最も強い5点だった場合には、推定値で0.2以上、つまり全体の20%以上が所属する可能性が示されている。そして検証の結果、いずれのクラスターへの所属割合も「嗜好性による内容偏向」とは有意な関係があった。

「嗜好性による内容偏向」が高いと所属確率が下がる3つのクラスター

これに対して、「嗜好性による内容偏向」という印象が最も弱い1点だった場合に高い割合を占めるクラスターは4つあった。所属割合の推定値の最も高い「YouTubeアプリ受動的利用者」の他、「キーワード検索のみ」「YouTubeアプリ愛好者」「情報熱中者」の全部で4つのクラスターが推定値で0.2、つまり20%前後の割合を示している。

けれども、このうち「YouTubeアプリ愛好者」群は「嗜好性による内容偏向」という印象の強弱による割合に統計的に有意な変動はない。つまり残りの3つである「YouTubeアプリ受動的利用者」群、「キーワード検索のみ」群、「情報熱中者」群が、「嗜好性による内容偏向」という印象が強くなるほど有意に割合が低下する傾向にあった。

「嗜好性による内容偏向」に関わるインサイト

以上の結果で重要なのは、自らの興味関心に合わせて視聴内容を手動でカスタマイズできる「登録チャンネル」を主として使う「登録チャンネル＋キーワード検索」群、および自らの興味関心に合わせたパーソナライゼーションが自動的に行われる動画推奨アルゴリズムの機能する「ホーム画面」と「2本目以降推奨」を主に使う「キーワード検索＋推奨アルゴリズム」群の2つは、「嗜好性による内容偏向」という印象と正の連関があることが示された点である。

つまり、カスタマイゼーションあるいはパーソナライゼーションのどちらかが機能するアーキテクチャに重きを置きながら使い、YouTubeアプリで自らの興味関心に合った動画視聴を行っている人たちは、「嗜好性による内容偏向」ということについて自覚的であると言える。

一方で、他のアーキテクチャも用いる他のクラスターは「嗜好性による内容偏向」という印象と連関していない、あるいは負の連関を持っていた。つまり「嗜好性による内容偏向」という印象を持たない人たちは、「情報熱中者」群と「YouTubeアプリ愛好者」群に特徴的な、多くのアーキテクチャを積極的に併用する、あるいは「YouTubeアプリ受動的利用者」群のように「登録チャンネル」と「ホーム画面」に加えて、さらに

「通知」もよく利用するといったクラスターに属するようだ。

まとめると、カスタマイゼーションあるいはパーソナライゼーションを提供する機能のどちらかだけを限定的に使っていると「嗜好性による内容偏向」に自覚的であるが、それに加えて他の機能を使うようになると、その印象が薄れるという解釈ができそうである。

「YouTubeに対する不安感・否定的評価」が関係した2つのクラスター

YouTubeに対する印象で、アーキテクチャ7クラスターへの所属確率と統計的に有意な関連を持っていたもう1つの因子が「YouTubeに対する不安感・否定的評価」であった。そして「YouTubeに対する不安感・否定的評価」という印象の強弱とアーキテクチャ7クラスターの所属割合の関係について推定値を表したのが次頁の図6-6である。

このグラフから、2つのクラスターの割合が心理傾向の得点増加にともなって大きく低下しており、反対に2つのクラスターの割合が心理傾向の得点増加にともなって大きく増加していることがわかる。しかし統計的に有意な関係があったのは、右肩下がりの「キーワード検索＋推奨アルゴリズム」群と右肩上がりの「YouTubeアプリ受動的利用者」群の2つのみであった。つまりYouTubeに対しての不安感や否定的評価が強いと「キーワード検索＋推奨アルゴリズム」群に所属する確率は下がり、「YouTubeアプリ受動的利用者」群に所属する確率は上がった。

「YouTubeに対する不安感・否定的評価」に関わるインサイト

このうちYouTubeに対しての不安感や否定的評価と「キーワード検索＋推奨アルゴリズム」群との負の連関はわかりやすい。なぜなら、YouTubeによる行動データ利用や推奨アルゴリズムに対して不安感や否定的評価を持っているほど、「推奨アルゴリズム」の働くアーキテクチャを中心に使うクラスターである可能性が低くなり、逆に不安感や否定的評価がない人ほど動画推奨アルゴリズムの働くアーキテクチャ利用の

図6-6　「YouTubeに対する不安感・否定的評価」得点と各クラスター所属確率の関係

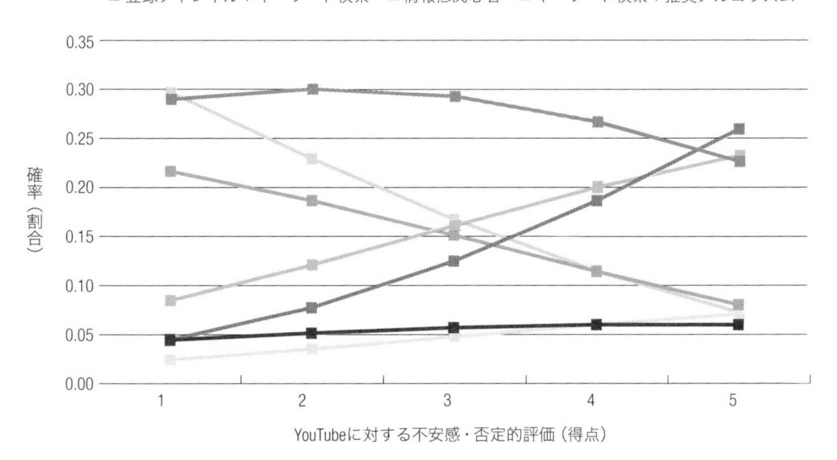

ウェイトが高いというのは自然なことに思えるからだ。

しかし興味深いのは、こうした不安感や否定的評価と「YouTubeアプリ受動的利用者」群が正の連関にあることである。第3章で確認したように、「YouTubeアプリ受動的利用者」群は、動画推奨アルゴリズムが機能するアーキテクチャをまったく使わないクラスターではなく、複数のアーキテクチャを「それなりに」使っている、アーキテクチャ7クラスターの中では平均的な存在であった。

そしてその特徴に加えて、「通知」機能の利用頻度が高めであった。「通知」は登録チャンネルの更新動画およびおすすめの動画が知らされる機能なので、ここから動画を視聴するということは、YouTubeに対して個人情報にあたる視聴行動などのデータを渡すことを拒否しているクラスターというわけではないと予想される。

また、「YouTubeに対する不安感・否定的評価」と有意な連関は示さなかったが、不安感や否定的評価を持っていても、所属割合が高めなのが「YouTubeアプリ愛好者」群である。このクラスターは最大の29.1%を占め、複数のアーキテクチャをよく使う点に特徴があった。

以上をまとめると、YouTubeに対して不安感や否定的評価を持ちながら、YouTubeをそれでも使う場合の2つの心理的傾向が見て取れそうだ。1つは、「YouTubeアプリ受動的利用者」群に典型的な、YouTubeアプリを受動的な使い方にするというものだ。「通知」で知らされた時を中心にして、積極的には視聴しないということだ。そしてもう1つは、多くのアーキテクチャをほどほどによく使うというものである。こちらは「YouTubeアプリ受動的利用者」群のみならず、「YouTubeアプリ愛好者」群にも見られる傾向であった。

つまり動画推奨アルゴリズムにやや偏って頻度も高く使うような「露骨」な使い方はYouTubeの個人データ利用やアルゴリズムに対する不安感や否定的評価という認知との不協和（不一致）が生じる可能性がある。したがって、そうではない「受動的」もしくは「たくさんのアーキテクチャを使う」ことでそのような不協和を低減している可能性があるのではないだろうか。

6　情報接触傾向とアーキテクチャクラスターへの所属確率の関係

次に検討するのは、「エコーチェンバー志向」と「情報多様性志向」という情報接触傾向に関する2つの心理傾向である。おさらいをしておくと、前者は自分の好みや興味に合った情報空間を求める志向性を表しており、後者は自分の興味関心や意見との一致不一致はともかく、様々な情報や意見に触れることを求める志向性を表している。

これまでと同様の多項ロジット分析による推定結果をグラフにしたものが次頁の図6-7で、2つの志向性に関する結果を左右に並べている。前節のグラフと同様に視認性の面から誤差を含めた提示は避けているので、このグラフは統計的有意性も加味して見る必要がある。

「エコーチェンバー志向」が所属確率に関係した2つのクラスター

まず左のグラフに示した「エコーチェンバー志向」に関する結果から確認していこう。このグラフでは、右にいくほど「エコーチェンバー志向」得点が高くなるように図示しているが、折れ線には右肩上がりのものと右肩下がりのものがそれぞれ複数ある。

しかし「エコーチェンバー志向」との間に統計的に有意な連関があったのは、2つの右肩上がりの折れ線のうち、下方にある「情報熱中者」群だけであった。そして10%水準という弱い基準で判定すれば、右肩下がりの「キーワード検索＋推奨アルゴリズム」群にも有意な連関があった。この2つをここでは有意な連関があったことにする。

つまり「エコーチェンバー志向」が弱いYouTubeアプリ利用者の中に

図6-7 情報接触の2つの志向性得点と各クラスター所属確率の関係

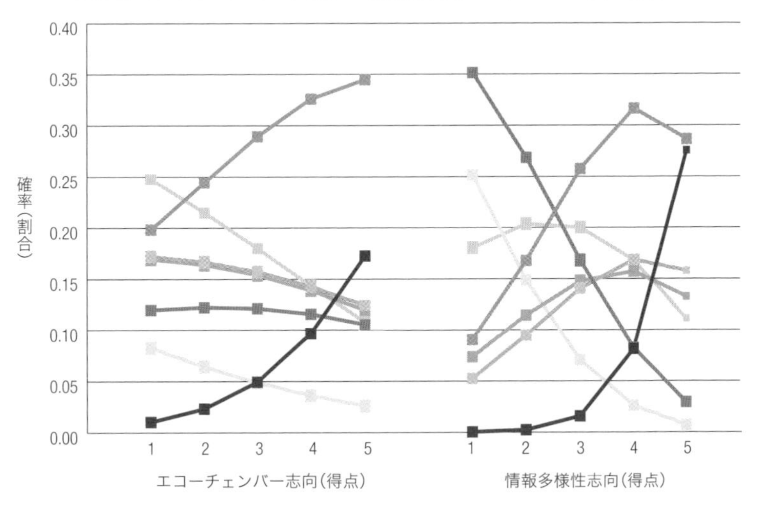

「情報熱中者」群はほとんどいないが、この志向性が強いアプリ利用者の中には「情報熱中者」群が相対的に多く含まれている。一方で「エコーチェンバー志向」得点が1点の場合に割合の推定値が最も高い「キーワード検索＋推奨アルゴリズム」群は、「エコーチェンバー志向」得点が高くなるほど全体に占める割合が下がる傾向にあった。

「情報多様性志向」が所属確率に関係した4つのクラスター

ここまでの「エコーチェンバー志向」に関する結果に比べて、折れ線が入り組んでいるのが右側の「情報多様性志向」に関するグラフである。

まず「情報多様性志向」得点が高いほど割合が高いという有意な正の連関があったのは1つのみで「情報熱中者」群である。加えて、統計的には10%水準という基準で有意な正の連関があったのが「YouTubeアプリ愛好者」群であった。

一方、「情報多様性志向」得点が低いほど割合が高いという有意な負の連関があったのが「YouTubeアプリ受動的利用者」群と「情報低関心者」群の2つである。つまり10%水準という弱い基準までとると、「情報多様性志向」の強弱が所属確率に関係したアーキテクチャクラスターは4つであった。

2つの情報接触志向に関わるインサイト

「情報熱中者」群では、「エコーチェンバー志向」に加えて「情報多様性志向」についても、それが強いほど所属する確率が高いという結果が見られた。さらに、どちらの志向性についても得点が低い場合には、「情報熱中者」群にはほとんど含まれない。[17]

この結果は、「エコーチェンバー志向」と「情報多様性志向」の2つは、第2節で見たように相関関係としては-0.23と弱い負の相関であったが、どちらの志向性が強い場合でも、情報接触・情報獲得に対する積極性の高さが含まれていると解釈することが可能だろう。ゆえに、そうした者はYouTubeアプリ利用ですべてのアーキテクチャを積極的に活用する群において多く現れると考えられる。あるいは「情報熱中者」という名前のとおり、すべてのアーキテクチャを非常に積極的に活用することで、「エコーチェンバー志向」と「情報多様性志向」のどちらもが充足される可能性が高まるという言い方も可能だろう。

また情報接触・情報獲得に対する積極性は、「エコーチェンバー志向」よりも「情報多様性志向」により強く反映されていると考えられる。「YouTubeアプリ受動的利用者」群と「情報低関心者」群の右のグラフにおける急な右肩下がりの折れ線に示されたのは、より強く関係する「情報多様性志向」が強くなると、これらの2つの群の「受動的」であったり「低頻度」であったりという、情報接触・情報獲得に消極的な特徴を持つ群への所属確率も下がるということなのだろう。

一方で、10%水準での有意という連関ではあるが、興味深い結果であったのが「エコーチェンバー志向」と「キーワード検索＋推奨アルゴリズム」群の負の関係である。推奨アルゴリズムは利用者の興味関心に合わせてコンテンツを選別するものであり、インターネットによる情報環境のエコーチェンバー化をもたらしうるものとして、「フィルターバブル」の議論における悪者とされてきた。しかしここで見られた結果はむしろ逆で、「エコーチェンバー志向」が強いほど「キーワード検索＋推奨アルゴリズム」群の占める割合は低い傾向にあるというものであった。

この点については、ここで取り上げているのが「志向性」という心理傾向である点が重要だと考えられる。そして「エコーチェンバー志向」の高まりとともに減少するのが「キーワード検索＋推奨アルゴリズム」群であることと合わせて、増加するのが「情報熱中者」群であることにも着目する必要がある。これはつまり、「エコーチェンバー志向」の高まりと連動して「受動」的使い方をするクラスターの割合が減少して「手動＋自動」による使い方をするクラスターの割合が増加していると見なすことができそうである。「エコーチェンバー志向」を充足しようとする場合、推奨アルゴリズムに委ねるだけでは不十分、あるいはむしろ「エコーチェンバー志向」は充足されない方向に作用していると考えることができる。

そしてその志向性を充足させるためには、能動的に自分の興味関心に合わせた情報接触を求めることになり、自動のパーソナライゼーションだけでなく手動によるカスタマイゼーションを積極的に行うようなアーキテクチャ利用が必要になってくるのではないかという解釈である。

7 YouTube利用における過多感の違いとアーキテクチャクラスターへの所属確率の関係

最後に検討するのが、YouTube利用における過多感として抽出された3つの因子、すなわち「低質コンテンツ過多感」「情報・コンテンツ過多感」「検索・発見の自己効力感」である。

「低質コンテンツ過多感」が所属確率に関係した4つのクラスター

まずは「低質コンテンツ過多感」である。これはYouTubeに質の低い、あるいは悪質性の高い動画が多いと感じている度合いを表すものだったが、ここまでと同様に統計的有意性を踏まえて、多項ロジット分析による推定結果を示した次頁の図6-8を読み解いていこう。

右肩上がりの折れ線を描き、「低質コンテンツ過多感」と有意な正の関係にあったのが「キーワード検索のみ」群であった。そして10%水準という基準では、「登録チャンネル＋キーワード検索」群も有意な正の関係を持った。ここではこの2つが有意な正の関係を持った因子と考える。

逆に、有意な負の関係にあったのが、「情報熱中者」群と「YouTubeアプリ受動的利用者」群の2つであった。以上の合計4つのクラスターが「低質コンテンツ過多感」の強い弱いが所属確率に関係したものである。

「低質コンテンツ過多感」に関わるインサイト

「キーワード検索のみ」群の結果だが、これは「低質コンテンツ過多感」の高さが、限定的なYouTube利用につながっているという解釈がまず可能である。つまりYouTube全般に対する「低質コンテンツ過多感」のためにYouTube利用で最も活発で一般的な「キーワード検索」だけを使っているということだ。別の言い方をすれば、「キーワード検索」から、「登録チャンネル」や動画推奨アルゴリズムの関係する「ホーム画面」や「2本目以降推奨」といったアーキテクチャの利用につながらない原因を「低質コンテンツ過多感」に求めるということだ。

「キーワード検索のみ」群についてのもう1つの解釈を「登録チャンネル＋キーワード検索」群も合わせて考えると、「低質コンテンツ過多感」の高さが自身の判断によるフィルタリングを重視したアーキテクチャ利用につながっているというものである。前述の解釈で挙げたように、キーワード検索はYouTubeで最も活発に利用されるアーキテクチャであ

図6-8　「低質コンテンツ過多感」得点と各クラスター所属確率の関係

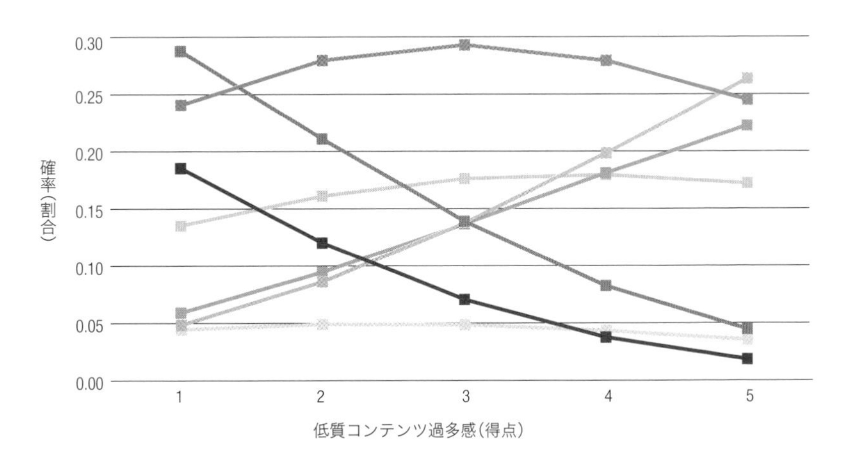

るが、「自分に必要なものを自分で探す」アーキテクチャであるとも言える。また、登録チャンネルは自分で選んでチャンネル登録をしたものに絞って見ることのできるアーキテクチャである。

一方、「低質コンテンツ過多感」が低いほど所属確率が高くなっていたアーキテクチャクラスターは「情報熱中者」群と「YouTubeアプリ受動的利用者」群であった。これらのクラスターに共通するのは推奨アルゴリズムの影響を受けるアーキテクチャを活用する点にある。「情報熱中者」群はすべてのYouTubeアーキテクチャを活用するため、推奨アルゴリズムの示す動画にも触れていくことになると考えられる。「YouTubeアプリ受動的利用者」群を特徴づけるのは「通知」機能の利用であるが、この機能でも推奨アルゴリズムによって「おすすめ」がされる。

つまり、YouTubeにおいて低質コンテンツは過多ではないと感じている利用者が推奨アルゴリズムの働くアーキテクチャを活用している可能性があるということだ。あるいは推奨アルゴリズムの働くアーキテクチャを活用することで低質コンテンツはフィルタリングできると感じられるから、そのような機能を活用しているのかもしれない。

「情報・コンテンツ過多感」が所属確率に関係した4つのクラスター

次の「情報・コンテンツ過多感」へと進もう。これはYouTubeで公開されているコンテンツだけでなく、それに関連してのコメントや通知の表示量が多すぎると感じていることを意味するものであった。この「情報・コンテンツ過多感」の得点とアーキテクチャ7クラスターの分布の関係について、推定結果をグラフとしてプロットしたのが図6-9だ（次頁）。

まず「情報・コンテンツ過多感」と統計的に有意な正の関係にあったのが「情報熱中者」群と「YouTubeアプリ愛好者」群の2つであった。ともに右肩上がりの折れ線である。

一方、「情報・コンテンツ過多感」と統計的に有意な負の関係にあったのは、「キーワード検索のみ」群と「キーワード検索＋推奨アルゴリズム」群であった。つまり「情報・コンテンツ過多感」得点が高いほど、これら2つのクラスターに所属する確率が低かった。以上の合計4つのクラスターが「情報・コンテンツ過多感」の強い弱いが、クラスターへの所属確率に関係したものとする。

「情報・コンテンツ過多感」に関わるインサイト

正の関係が見られた「情報熱中者」群と「YouTubeアプリ愛好者」群は、どちらも推奨アルゴリズムをはじめとするYouTubeの様々なアーキテクチャを活用するクラスターである。つまり、「情報・コンテンツ過多感」の高い利用者は様々なアーキテクチャを活用することによって対処しようとしているようにみえる。

では「情報・コンテンツ過多感」と負の関係が見られたのが、「キーワード検索のみ」群と「キーワード検索＋推奨アルゴリズム」群であっ

図6-9 「情報・コンテンツ過多感」得点と各クラスター所属確率の関係

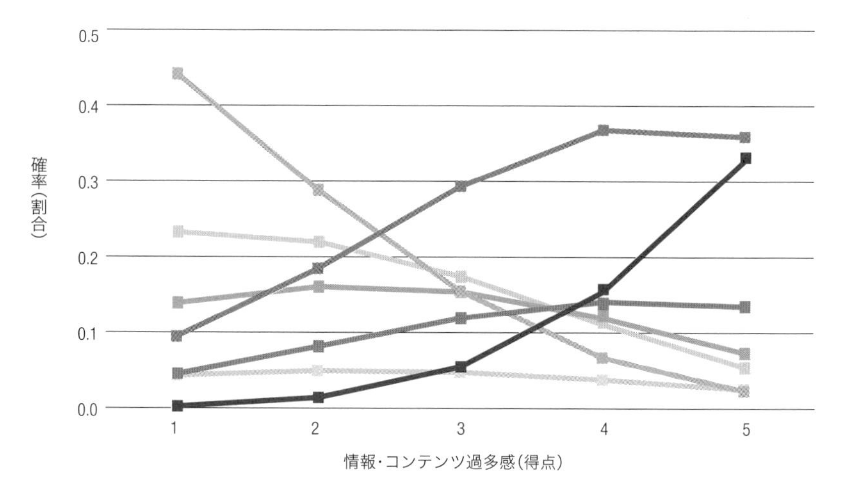

たということは何を示唆するのだろうか。

1つの解釈は、YouTubeで情報・コンテンツが多すぎるとは感じていないからこそ、キーワード検索に偏って使うことができているというものである。キーワード検索機能は他のクラスターでもよく活用されている機能であるが、「キーワード検索のみ」群と「キーワード検索＋推奨アルゴリズム」群はキーワード検索機能の利用が他の機能の利用に比して特徴として表れているクラスターだからである。これは過多感への対処としてそうなっているという考え方にしたがっての解釈である。

まとめるならば、「情報・コンテンツ過多感」を解消するためには「キーワード検索」の利用、そして「動画推奨アルゴリズム」の利用が鍵になりそうだということになる。

「検索・発見の自己効力感」が所属確率に関係した3つのクラスター

最後に、「検索・発見の自己効力感」とアーキテクチャ7クラスターの関係を見よう。「検索・発見の自己効力感」とは、YouTubeにおける動画の検索や発見を自身がうまくできているという自身の感覚を表すもので、「低質コンテンツ過多感」や「情報・コンテンツ過多感」とは有意な相関関係を持っていない。つまり単純に2つの過多感を否定するような感覚ではなかった。

さて「検索・発見の自己効力感」の得点とアーキテクチャ7クラスターの割合の関係についての推定結果をグラフ化したのが図6-10である。「検索・発見の自己効力感」得点と有意な関係にあったのは「情報熱中者」群だけであった。右肩上がりの折れ線に現れているように、「検索・発見の自己効力感」が高いほど、「情報熱中者」群に属する確率は高くなっていた。

他のクラスターは「検索・発見の自己効力感」得点の高低と統計的に意味のある関係にはなかったが、10%水準という基準に弱めた場合には、有意となったものが2つあった。それらは正の関係にあった「情報低関心者」群と、負の関係にあった「キーワード検索＋推奨アルゴリズム」群であった。以下ではこの合計3つのアーキテクチャクラスターについて言及していく。

「検索・発見の自己効力感」に関わるインサイト

10%水準での有意な関係も含めると、「検索・発見の自己効力感」は「情報熱中者」群と「情報低関心者」群という両極端のアーキテクチャ利用クラスターと正の関係にあった。図6-10の2つの右肩上がりの折れ線だが、これは非常に興味深い。

このうち「情報熱中者」群については、「検索・発見の自己効力感」の高さは、おおむねYouTubeを上手に活用できるという実感であるため、多数のかつ積極的なアーキテクチャ利用につながっているという解釈で理解しやすいだろう。

一方で、「情報低関心者」群との連関は解釈が難しい。1つ考えられ

図6-10 「検索・発見の自己効力感」得点と各クラスター所属確率の関係

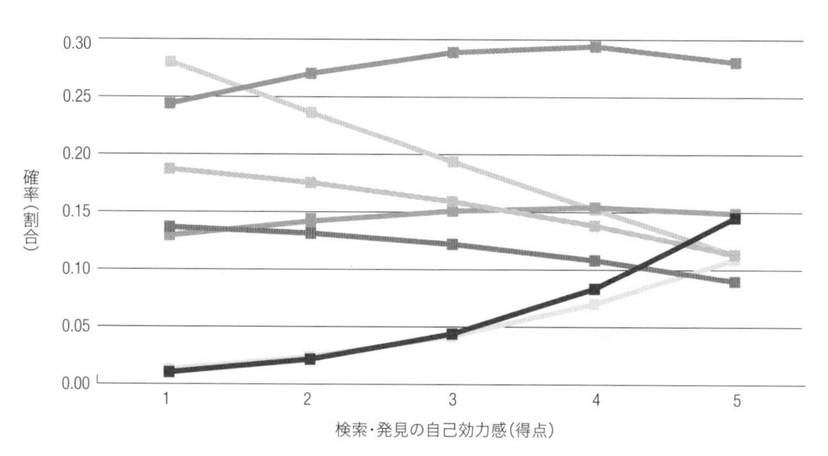

るのは、YouTubeをあまり利用しないために失敗・苦労の経験が少なく、「検索・発見の自己効力感」を高く維持できているという可能性である。ここでは「自己効力感」、すなわち自分でそれができると感じているという点が重要で、「本当の」検索や発見の能力は低い場合もある。そしてこの場合には、「情報低関心者」群としての使い方から別の群の使い方に移行した場合には、自分の求める動画を見つけることに苦労することで、「検索・発見の自己効力感」が低下する可能性も考えられる。

また、「キーワード検索＋推奨アルゴリズム」クラスターと「検索・発見の自己効力感」との負の関係であるが、「検索・発見の自己効力感」が様々なアーキテクチャの活発な利用と正の関係を持つと想定すると、その理解はそれほど難しくない。というのは「検索・発見の自己効力感」が低いYouTubeアプリ利用者にとっては、自分の好みや関心に合った動画を推奨してくれる機能は非常に利便性が高いと言えるからである。「なかなか良いものをおすすめしてくれて、楽しめるしためにもなる。あまり動画を見つけるのがうまくない自分にとってはありがたい」という感覚だ。したがって、そのような自己効力感の低い利用者が「キーワード検索＋推奨アルゴリズム」群に属しやすくなることは合理的な結果であると考えられるだろう。

まとめると、「検索・発見の自己効力感」はおおむねYouTubeアプリの利用頻度や利用時間によって規定され、対照的な「情報熱中者」群と「情報低関心者」群において所属確率が上がるということ。そして「検索・発見の自己効力感」が低い者にとっては動画推奨アルゴリズムがありがたがられているのではないかということだ。

8 まとめ

この章では、YouTubeに対する印象3因子のうち「推奨アルゴリズムに対する肯定的評価」以外の2因子、情報接触傾向の2因子、そしてYouTube

利用における過多感の3因子が、7つのアーキテクチャクラスターへの所属確率にどのように関係するかを、多項ロジット分析という手法を用いて検討してきた。

その結果を、これまでと視点を変えてアーキテクチャ別にまとめたのが表6-3であるが、以下で特徴的なクラスターを振り返って見よう。

スマホYouTubeはもちろん、利用デバイスを問わずYouTubeにハマっている「情報熱中者」群は、最も多い6つの因子と連関していた。まず「エコーチェンバー志向」と「情報多様性志向」のいずれもと正の連関があることが特徴的で、情報接触と情報獲得への積極性が非常に強い。そして「情報・コンテンツ過多感」と「検索・発見の自己効力感」が高いと、このクラスターへの所属確率が上がった。つまり情報やコンテンツへの量的な過多感を感じつつも、検索と発見の能力の高さで対応しているクラスターであると考えられる。また「低質コンテンツ過多感」が高いとこのクラスターへの所属確率は下がることから、低質なコンテンツに出会わないための工夫や能力も「情報熱中者」群はある程度持ち合わせているようである。

アプリでYouTubeにややハマっていると言える「YouTubeアプリ愛好者」群は多数のアーキテクチャを積極的に使う29.1%と最大のクラスターであるが、表6-3の右側の枠内に連関のある因子が1つもないことにその特徴が出ている。「情報多様性志向」と「情報・コンテンツ過多感」が高いと、このクラスターへの所属確率が上がった。したがって、ある程度の情報への量的なストレスを抱えながらも多くのジャンルの動画を楽しんでいるクラスターのように思われる。

もう1つのスマホYouTubeにハマっている「キーワード検索＋推奨アルゴリズム」群は、「嗜好性による内容偏向」という印象が強いと、このクラスターへの所属確率が上がることから、自分たちが偏った内容をYouTubeアプリで視聴していることに自覚的であった。そしてYouTubeへの印象は好意的であり、「検索・発見の自己効力感」は高くはないとい

表6-3 心理傾向から見た7つのアーキテクチャクラスターの特徴

クラスター名	そのクラスターへの所属確率が上がるのはどのような心理傾向が高い／強い人たち？	そのクラスターへの所属確率が下がるのはどのような心理傾向が高い／強い人たち？
1　情報熱中者	「エコーチェンバー志向」が高い	「嗜好性による内容偏向」という印象が強い
	「情報多様性志向」が高い	「低質コンテンツ過多感」が強い
	「情報・コンテンツ過多感」が強い	
	「検索・発見の自己効力感」が高い	
2　YouTubeアプリ愛好者	「情報多様性志向」が高い（10%水準）	
	「情報・コンテンツ過多感」が強い	
3　YouTubeアプリ受動的利用者	「YouTubeに対する不安感や否定的評価」が強い	「嗜好性による内容偏向」という印象が強い
		「情報多様性志向」が高い
		「低質コンテンツ過多感」が強い
4　キーワード検索のみ	「低質コンテンツ過多感」が強い	「嗜好性による内容偏向」という印象が強い
		「情報・コンテンツ過多感」が強い
5　登録チャンネル＋キーワード検索	「嗜好性による内容偏向」という印象が強い	
	「低質コンテンツ過多感」が強い（10%水準）	
6　情報低関心者	「検索・発見の自己効力感」が高い（10%水準）	「情報多様性志向」が高い
7　キーワード検索＋推奨アルゴリズム	「嗜好性による内容偏向」という印象が強い	「YouTubeに対する不安感や否定的評価」が強い
		「エコーチェンバー志向」が高い（10%水準）
		「情報・コンテンツ過多感」が強い
		「検索・発見の自己効力感」が高い（10%水準）

うことも推測された。
「YouTubeアプリ受動的利用者」群は、視聴頻度の面からは最も平均的なクラスターだが、4つの因子と連関していた。まずさほど強いものではないが、YouTubeへは不安感や否定的評価を持つ傾向がある。そして「嗜好性による内容偏向」の印象や「低質コンテンツ過多感」が強いと、あるいは「情報多様性志向」が高いと、このクラスターへの所属確率が下がる。低質なコンテンツも多いと感じているためか、良い印象をYouTubeに持っているとは言い難いと考えることが可能である。

最後となる「キーワード検索のみ」群は「嗜好性による内容偏向」の印象が強いと所属確率が下がる点では、「YouTubeアプリ受動的利用者」と同じであった。しかし「低質コンテンツ過多感」ではなく、量へのストレスを示す「情報・コンテンツ過多感」が高い場合にこのクラスターへの所属確率が下がり、この点は「YouTubeアプリ受動的利用者」と違った。さらに「低質コンテンツ過多感」が強いと「キーワード検索のみ」群への所属確率が上がったことから、情報やコンテンツの低質さがもたらすストレスに対して敏感、あるいは耐性が乏しいクラスターであることが考えられる。そうだとすれば、スマホYouTubeにハマっていないことは妥当である。

この章で扱った心理傾向のうち「YouTube利用における過多感」についてはやや唐突で少し驚いた読者もいるかもしれないが、このことを補足説明しつつ本章から得られた知見も最後に整理したい。

第2章では「人間は怠惰であって、そもそもシステム2を作動させない」と要約できるペニークックら（2019; 2021）の研究を紹介した。また人間は情報過多感が増すと注意力を持って情報やコンテンツを読み解くことが難しくなると想定する「脳構造マクロモデル」も紹介した。つまり筆者らは現在のメディア環境における全般的な情報過多状況に関心を持っているので、「YouTube利用における過多感」についても分析視点としたのである。
　この点についての本章から得られた知見としては、YouTubeアプリ利用者の過多感への対処には2つのアプローチがあるというものだった。すなわちアーキテクチャを限定的に利用するというものと、複数のアーキテクチャを積極的に利用するというものだ。
　前者は「キーワード検索のみ」群が採用しているものであるが後者は「情報熱中者」群に典型的だった。ただし、より構成比の大きい「YouTubeアプリ愛好者」群（構成比29.1%）や「YouTubeアプリ受動的利用者」群（同12.0%）も第2のアプローチを採用したと解釈可能であった。
　問題は、「YouTubeアプリ愛好者」群と「YouTubeアプリ受動的利用者」群の2つにおいて過多感が解消されているのかであるが、それは不明である。それでも「低質コンテンツ過多感」と「情報・コンテンツ過多感」を比べると、キーワード検索に限って積極的に使うアプローチは、「低質コンテンツ過多感」を低下させることに対して有効そうだということが示唆された。別の言い方をすれば、「情報・コンテンツ過多感」を低下させることに対しては、このアプローチはあまり有効ではなく、動画推奨アルゴリズムが機能するものも含む様々なアーキテクチャを活用する使い方に向かう傾向が示唆された。
　全体としては量と質に関わる過多感をある程度は抱えつつも利用者はスマホYouTubeでの動画視聴を楽しんでいる。それは本章での「YouTubeに対する不安感・否定的評価」の全般的な低さにも見られたことで、「YouTubeが目指すべきは、ユーザーを夢中にして、できるだけ長い時間をこのサイトで過ごしてもらうことだ」という第1章で紹介した運営側の狙いがある程度成功しているということにもなる。

1 本章では、3つの心理傾向と動画ジャンルクラスターとの関係は示していない。この理由は、心理傾向と視聴動画ジャンルはアーキテクチャクラスターを媒介要因としているというモデルを想定しているからである。心理傾向と視聴動画ジャンルの関係を記すことは可能であるが、何らかの有意な関係が見られた場合でも、アーキテクチャ利用も想定しながら解釈するという非常に煩雑でまた推測の程度が高くなる記述になってしまう。したがって本書全体の流れを考慮した上でアーキテクチャクラスターのみを扱うことにした。

2 主因子法で抽出し、カイザー基準で3因子と決定後、プロマックス回転を行った。

3 クロンバックのα係数は、順に0.77、0.75、0.65であった。

4 山下ら, 2023

5 被験者内要因の分散分析の多重比較（Holm法）の結果で、3つのいずれの組み合わせの間でも0.1%水準での有意差が見られた。

6 Auxier & Vitak 2019

7 質問文は「以下のそれぞれの文章内容についての、あなたの考えとして、最も当てはまるものを1つずつお選びください」である。

8 主因子法で抽出し、カイザー基準で2因子と決定後、プロマックス回転を行った。

9 山下ら, 2023

10 クロンバックのα係数は、順に0.67、0.63であった。

11 2つの得点を対応のあるt検定で比較すると、0.1%水準で有意差が認められた（$t(785)=15.11, p=.000$）。

12 「5：よくあてはまる」「4：あてはまる」「3：どちらとも言えない」「2：あてはまらない」「1：まったくあてはまらない」

13 主因子法で抽出し、カイザー基準で3因子と決定後、プロマックス回転を行った。

14 「自己効力感」とはセルフ・エフィカシー（self-efficacy）という心理学概念の日本語表現で、「そのことを自分はできる、その能力を自分は持っているという自分自身に対する認知」を指す。自己効力感が高いとはそうした認知を持っていることを、逆に自己効力感が低いとはそうした認知を持っていないことを意味する。

15 クロンバックのα係数は、順に0.83、0.72、0.67であった。

16 被験者内要因の分散分析で多重比較（Holm法）を行い、いずれの組合せでも5%水準で有意であった。

17 この結果は、2つの志向性のお互いに対する影響は統計的に統制されており、独立した関係として見られたものである。

第7章

YouTubeとTVの見られ方は違うのか？

本章では分析範囲を少し広げることにしたい。それはYouTubeアプリ利用者がYouTube以外のアプリやネットサービスでどのような情報に接触しているのか、またテレビ番組ではどんな内容を視聴しているかを射程にするということだ。最大の関心は、YouTubeアプリ利用者が、そこでYouTubeと類似の情報に接触しているのか、あるいは別の内容やジャンルの情報に接触しているのか、になる。

分析視点は引き続きアーキテクチャクラスターと動画ジャンルクラスターとなっている。そして流れとしては、最初の2節で全体におけるYouTube以外のアプリやネットサービスでの情報接触頻度とテレビ番組視聴の傾向を把握し、その後にアーキテクチャクラスター、動画ジャンルクラスターの順で分析結果を記していく。

1　ネットでの情報内容別接触頻度

2021年調査で、YouTubeアプリ利用者の他のアプリやネットサービスでの情報内容別の接触頻度（質問文は「よく見たり読んだりしますか？」）を、「5：よくする」から「1：まったくしない」までの5件法で

図7-1　YouTube以外のアプリやネットサービスでの情報内容別接触頻度

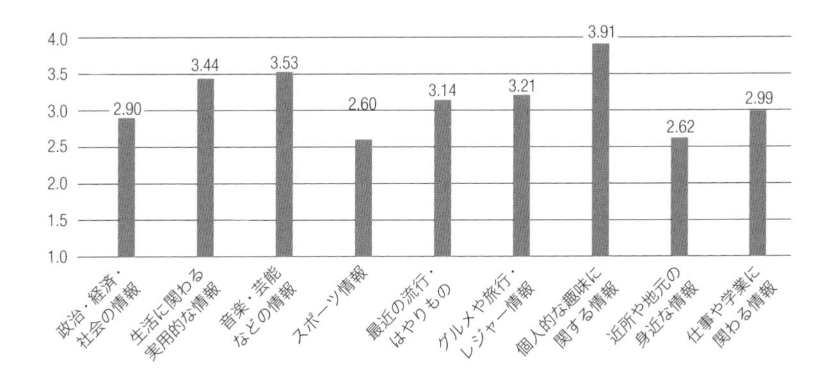

回答してもらった結果の頻度得点平均を示したのが図7-1である。これは全体（n=786）の結果である。

9つの内容のうち最も接触頻度が高いのが「個人的な趣味に関する情報」(3.91点）で、「音楽・芸能などの情報」(3.53点）と「生活に関わる実用的な情報」(3.44点）が続いた。逆に接触頻度の低いものは順に「スポーツ情報」(2.60点)、「近所や地元の身近な情報」(2.62点)、「政治・経済・社会の情報」(2.90点）であった。「スポーツ情報」はコロナ禍でスポーツイベントの開催が減っていたことが影響していると考えられる。

2　テレビ番組の内容別視聴頻度と視聴の3ジャンル

テレビ番組の内容別視聴頻度

同じように、YouTubeアプリ利用者のテレビ番組の内容別（13内容）視聴頻度を、「6：よく視聴する」から「1：まったく視聴しない」までの6件法で尋ねた。

その結果の頻度得点平均を示したのが図7-2で、「ニュース」(4.24点)、

図7-2　テレビ番組の内容別視聴頻度

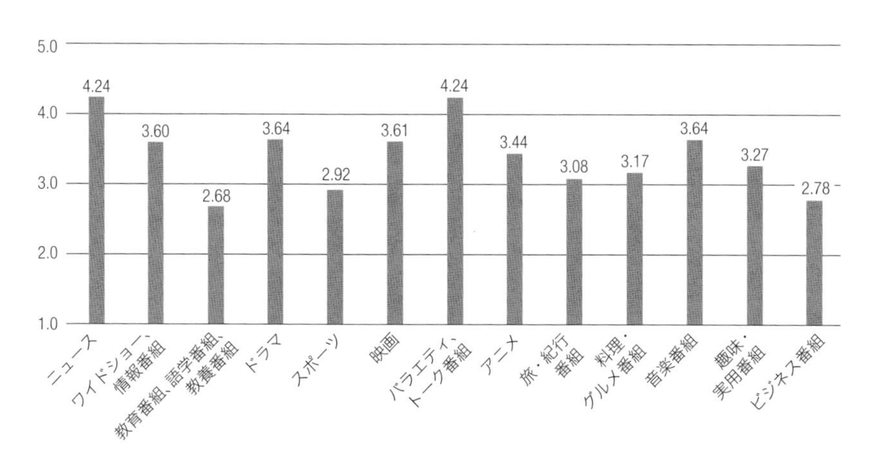

「バラエティ、トーク番組」(4.24点) の2つが4点を超えた。ついで「音楽番組」(3.64点)、「ドラマ」(3.64点)、「映画」(3.61点)、「ワイドショー、情報番組」(3.60点) が続いた。

テレビ視聴ジャンル3因子

テレビ番組については番組内容が13個と多いので、因子分析[1]を用いて分類を試み、図7-3の3因子を抽出した[2]。グラフの横棒は各内容と各因子との関連の深さを示しており、関連の深い番組内容から「実用・学び・スポーツ」「エンタメ」「ニュース・情報」という3因子に名前をつけた。なおこれらの3因子を総称する時は「テレビ視聴ジャンル3因子」あるいは「テレビ番組の3ジャンル」と呼ぶことにする。

図7-3 テレビ視聴ジャンル3因子

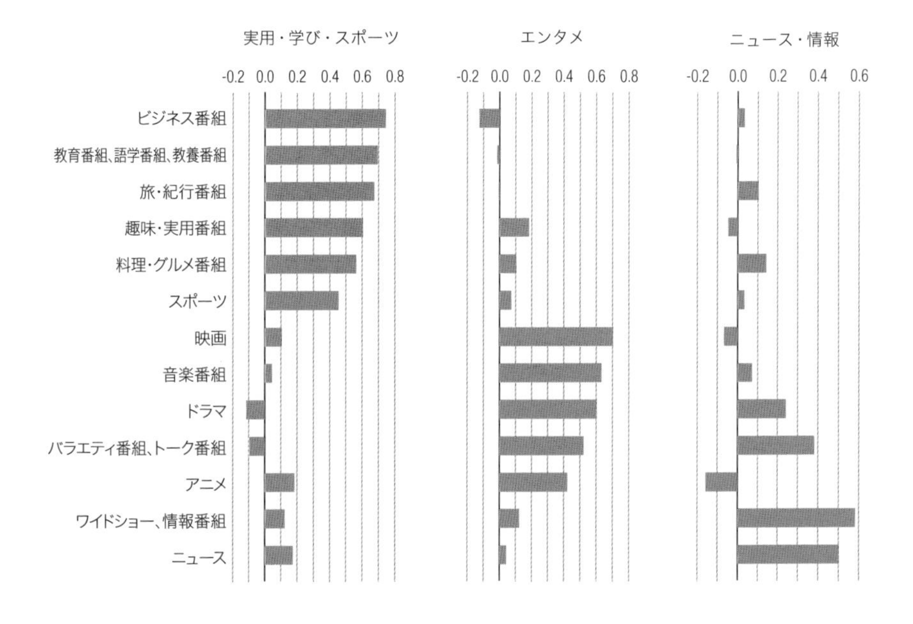

3因子について視聴頻度の得点平均と標準偏差を示したのが図7-4である。視聴頻度の得点平均とは各因子の含まれる項目の得点を単純加算し、それを項目数で割った数字であるが、最も視聴頻度の高いのが「ニュース・情報」ジャンルで、「エンタメ」ジャンルが大きな差はなく続き、「実用・学び・スポーツ」ジャンルはそれに比べるとずいぶんと視聴頻度が低いことがわかる。

図7-4 テレビ視聴ジャンル3因子の視聴頻度得点平均と標準偏差

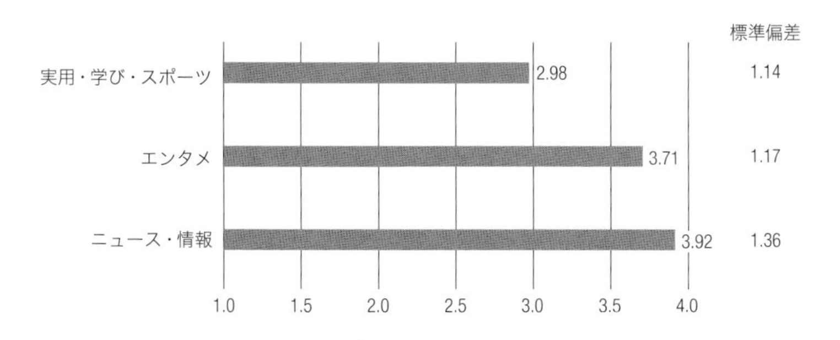

テレビ視聴ジャンル3因子の関係を探るために3因子間の相関関係を見ると、次頁の表7-1に示したように、3因子間の相関係数は「実用・学び・スポーツ」と「エンタメ」が0.63、「実用・学び・スポーツ」と「ニュース・情報」が0.57、「エンタメ」と「ニュース・情報」が0.68といずれの組合せでも高い。つまりあるテレビのジャンルを視聴する頻度が高くなると他のジャンルの視聴頻度も高くなる傾向を持つ。

第4章で見たYouTubeの動画5ジャンル（5因子）間の相関係数はこれよりも低かった。したがってYouTubeではジャンルに偏った視聴がテレビに比べると起こりやすいと考えられる。逆に言えばテレビ視聴の方が、幅広いジャンルに触れる傾向を持っていると考えられる。

表7-1 テレビ視聴ジャンル3因子間の相関係数

	実用・学び・スポーツ	エンタメ	ニュース・情報
実用・学び・スポーツ	—		
エンタメ	0.63	—	
ニュース・情報	0.57	0.68	—

3　アーキテクチャクラスター別のネットでの情報接触とテレビ視聴

アーキテクチャクラスター別のネットでの情報接触頻度

ここからはアーキテクチャクラスター別にYouTube以外のアプリやネットサービスでの接触情報頻度を、図7-5をたよりに見ていこう。

YouTubeアプリにハマっているクラスターの1つである「情報熱中者」群は9項目全般に接触頻度が高い。「政治・経済・社会の情報」(3.43点)

図7-5 アーキテクチャクラスター別のアプリやネットサービスでの情報接触頻度

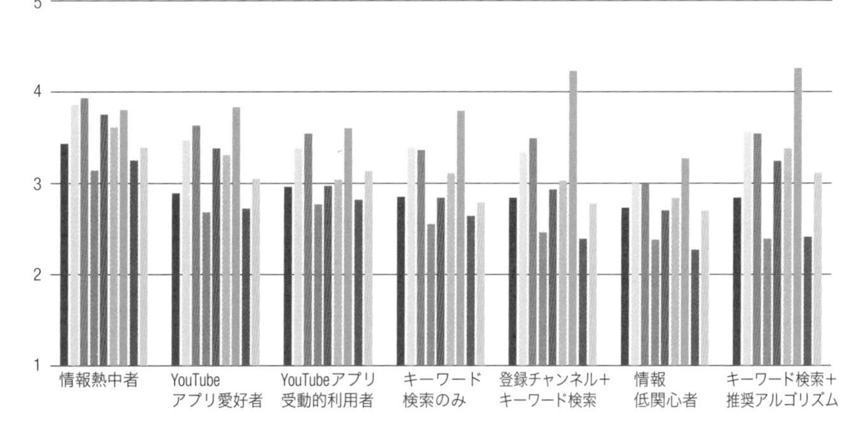

については7群中1位で、他の6群を大きく引き離していて、「仕事や学業に関わる情報」(3.39点）でも同様に1位であった。

ではもう1つのYouTubeアプリにハマっているクラスターである「キーワード検索＋推奨アルゴリズム」群はどうなのだろうか。すると「個人的な趣味に関する情報」(4.26点）が7群中最も高い。ついで「生活に関わる実用的な情報」(3.56点)、「音楽・芸能などの情報」(3.54点）と続いた。そして世の中の動向を意識した情報と言える「最近の流行・はやりもの」(3.24点）は全体平均を上回るもそこまでは高くなかった。一方、「個人的な趣味に関する情報」は数少ない4点超えなので、この種の情報によく触れることとYouTubeでの動画推奨アルゴリズムを利用したアーキテクチャ利用の高さには関係がありそうである。

またYouTubeアプリでの視聴時間ではそこまで長いわけではないが、幅広いジャンルを視聴するという意味でのハマり方をしている「YouTubeアプリ愛好者」群は、接触頻度の高い順に「個人的な趣味に関する情報」(3.83点)、「音楽・芸能などの情報」(3.63点)、「生活に関わる実用的な情報」(3.47点)、「最近の流行・はやりもの」(3.38点）であった。ただし「個人的な趣味に関する情報」は全体平均よりも低く、「音楽・芸能などの情報」と「最近の流行・はやりもの」が全体平均より高い。つまり芸能、流行といったやや大衆的[3]で世の中の動向を気にしている傾向が「YouTubeアプリ愛好者」群には見受けられる。

「個人的な趣味に関する情報」への接触頻度が「キーワード検索＋推奨アルゴリズム」群と同水準で非常に高いのが「登録チャンネル＋キーワード検索」群（4.23点）であった。視聴頻度の次点が「音楽・芸能などの情報」(3.49点）なので、「個人的な趣味に関する情報」だけ飛び抜けて高い。そしてこのことは個人的な趣味とYouTubeでの登録チャンネルの親和性の高さを示唆している。一方、「キーワード検索＋推奨アルゴリズム」群に比べるとこの群は「仕事や学業に関わる情報」への接触程度は低い。

最後にスマホYouTubeにハマっていない「キーワード検索のみ」群を確認しよう。すると絶対的水準は低いものの「近所や地元の身近な情報」(2.64点）だけが全体平均を上回り、それ以外は全体平均よりも低い接触頻度であった。この群は全般的にネットでの情報接触はさほど活発ではなく、ここでもハマっていない。必要に応じて道具的にネットを使うという層であろう。

アーキテクチャクラスター別のテレビ番組の3ジャンル視聴頻度

アーキテクチャクラスター別にテレビ番組の3ジャンルの視聴頻度を示したのが図7-6であるが、ここでもスマホYouTubeにハマっている3つのクラスターから見ていこう。

「情報熱中者」群は視聴頻度が3ジャンルとも3.9点以上で、いずれも7群中最高であった。また7群中唯一「エンタメ」ジャンルの視聴頻度が最も高く、テレビの「エンタメ」が大好きな群だと言えよう。また「YouTubeアプリ愛好者」群は「実用・学び・スポーツ」では3.29点だが、他の2ジャンルの視聴頻度は3.9点以上と高く、順位では3ジャンルとも7群中2位であった。

つまりYouTubeアプリの様々な機能を使いこなし、YouTubeアプリ視聴時間の長い「情報熱中者」群はテレビ番組も幅広いジャンルを高い頻度で視聴していた。ただし実際のテレビ視聴時間は7群中5位であったため、「つまみ食い」の傾向が見てとれる。また、この幅広いジャンルへの接触をさほど長い時間をかけることなくテレビで行うという傾向は「YouTubeアプリ愛好者」群にもあてはまった（テレビ視聴時間は6位)。

さて「キーワード検索＋推奨アルゴリズム」群である。この群はYouTubeでは「音楽」をよく視聴していたけれどもテレビでも音楽番組を頻度高く視聴しているわけではない。全体でのテレビの「音楽番組」の視聴頻度の平均は6点満点の3.64点だが、「キーワード検索＋推奨アルゴリズム」群は3.14点であった。つまりこの群はテレビでの音楽番組と

図7-6 アーキテクチャクラスター別のテレビ番組3ジャンルの視聴頻度

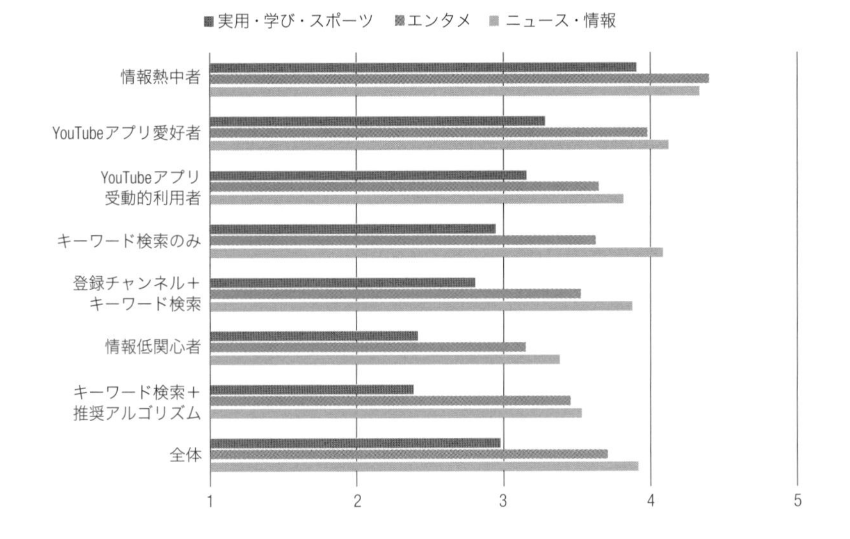

は異なる内容をYouTubeの「音楽」ジャンルとして楽しんでいる可能性が高い。

キーワード検索と推奨アルゴリズムといった機能のいずれもがテレビには備わっていないことと、第6章において「推奨アルゴリズムに対する肯定的評価」因子の得点が高く、また「不安・ネガティブ」因子の得点が低かったことから、テレビよりもYouTubeを好む傾向を持つのが「キーワード検索＋推奨アルゴリズム」群であると言って良いだろう。実際にこの群は7群中最もテレビの視聴時間が短く[4]、最も仕事や勉強・学習をしている時間が長かった[5]。

最後にスマホYouTubeにハマっていない「キーワード検索のみ」群であるが、まず大事な情報は「自宅で平日にテレビ番組（録画した番組を含む）を見る時間」が、際だったものではないものの、最も長かったということである[6]。テレビでは「ニュース・情報」を全体平均に比べると非常に頻度高く視聴しており、絶対的な平均値も4.09点で、テレビをよく見る「YouTubeアプリ愛好者」群の4.13点と同水準である。情報を道具的に得ているのだろうという行動はテレビ番組においてもそのようだ。

ネットでの情報接触とテレビ視聴に関わるインサイト

ここまでの記述で、アーキテクチャクラスターにおいてはYouTubeでの視聴動画ジャンルとテレビの視聴ジャンルが似ている場合と、そうではない場合が見られた。

YouTubeでは「ハードニュースや政治的情報」にほとんど触れることのない「キーワード検索のみ」群がテレビの「ニュース」を4.48点、さらに「ニュース・情報」ジャンルも4.09点という高い頻度で視聴しており、YouTubeとテレビでの視聴ジャンルには差が見られた。けれども「情報低関心者」群はテレビの「ニュース」を3.59点、「ニュース・情報」ジャンルも3.39点という頻度での視聴となっていた。絶対的水準で低いとは言い切れないものの、いずれも全体平均よりはかなり低く、YouTubeとテレビでの視聴ジャンルは似ており、ともに低かったと言える。

またYouTube以外でのネットサービスにおける情報接触については、ネットでの「個人的な趣味に関する情報」の接触頻度が「2本目以降推奨」あるいは「登録チャンネル」をよく使う群で高かったことから、積極的にネットサービス（アプリ）やYouTubeを利用する場合には細分化された内容へと接触する傾向を持ちそうだということが見えてきた。

さらに音楽におけるサブジャンルやアーティストのように、非常に細分化された下位のまとまりがある場合は、YouTubeを中心的に利用して、テレビから離れていくのではないかという仮説も「キーワード検索＋推奨アルゴリズム」群のテレビ視聴実態から浮かび上がった。

したがって、次にYouTubeの動画5ジャンルをもとにした動画ジャンル7クラスターで同様の分析を行い、これらの論点に結論を見出すことにしよう。

4　動画ジャンルクラスター別のネットでの情報接触とテレビ視聴

動画ジャンルクラスター別のネットでの情報接触頻度

ここからは動画ジャンル7クラスターによる9種類のネット情報への接触頻度を、次頁の図7-7をたよりに見ていこう。

まずスマホYouTubeにハマっている、すなわちアプリ視聴時間が長く、アプリでのYouTube視聴時間比率の高い「消費・生活系UGC志向」群である。このクラスターは約9割を女性が占め、平均年齢も唯一20代で、教育年数も最も少ないが、ネットでの接触情報において偏りを見せている。「最近の流行・はやりもの」の接触頻度が7群中1位（3.50点）、「生活に関わる実用的な情報」が「娯楽と趣味・生活情報派」群に次いで第2位（3.61点）である一方、「政治・経済・社会の情報」(2.46点)、「スポーツ情報」(1.93点)、「近所や地元の身近な情報」(2.18点）では7群で最下位の接触頻度であった。

この群はひと昔前の女性ファッション雑誌の中心的読者層を想起させる。つまりその層が、雑誌をスマホに持ち替えて女性ファッション雑誌に掲載されていたような内容（ファッションや美容などの情報）にスマホで接触するようになっているという言い方もできるだろう。

もう1群、スマホYouTubeにハマってはいるがジャンルは幅広く視聴という「全ジャンル高頻度」群はネットにおいても9項目全般に接触頻度が高い。ただし7群中1位だったのは、「政治・経済・社会の情報」(3.35点)、「スポーツ情報」(3.20点)、「グルメや旅行・レジャー情報」(3.65点）の3ジャンルのみであった。

最も特徴的なのは「個人的な趣味に関する情報」で、「学びと趣味・社会情報派」群が4.09点で7群中第1位なのに対して「全ジャンル高頻度」群は3.86点であり、ポイントでは大差はないものの第6位という点である。つまり「全ジャンル高頻度」群はYouTubeも含めネットで非常に広いジャンルの情報に接触し、視聴している。そして社会的な情報に

図7-7 動画ジャンルクラスター別のアプリやネットサービスでの情報接触頻度

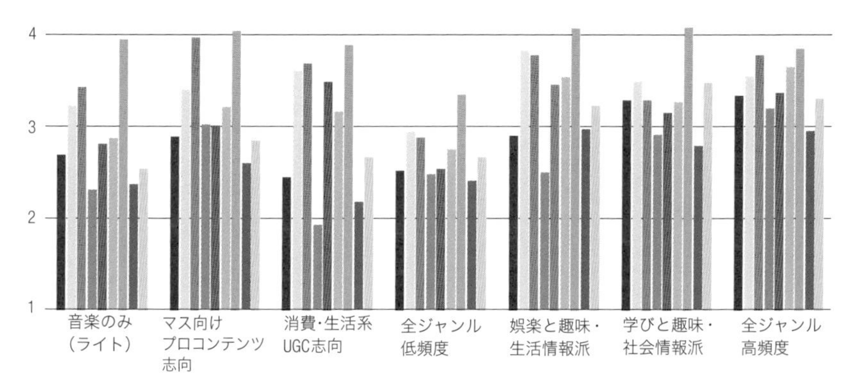

も注目する層と言える。

「娯楽と趣味・生活情報派」群も女性が66.9%と多い群だが、「生活に関わる実用的な情報」に7群で最も接触していた（3.84点）。この群は「個人的な趣味に関する情報」で得点も4点台の第2位（4.08点）、「最近の流行・はやりもの」でも第2位（3.47点）である一方、ハードニュースにあたる「政治・経済・社会の情報」(2.91点）と「スポーツ情報」（2.50点）はともに第4位とあまり接触していなかった。YouTubeでは「消費・生活系UGC」と「音楽」をよく視聴しているこの群においても、YouTubeでよく視聴する内容とほぼ一致する内容をインターネット上で希求していることが示された。

「学びと趣味・社会情報派」群は、「仕事や学業に関わる情報」に加えて「個人的な趣味に関する情報」にも7群中最もよく接触する群であった。そして「全ジャンル高頻度」群とともに「政治・経済・社会の情報」への接触頻度が高い。またこの群はネットでの「音楽・芸能などの情報」の視聴頻度が7群中第6位（3.30点）と低く、「最近の流行・はやりもの」も全体の4位（3.16点）とあまり高くないことも特徴である。つまりインターネットの他のアプリやサービスにおいても、YouTubeと同様にハードニュースや学びに関わる情報、サブカル的な趣味の情報にも接触し、芸能ニュースにはあまり接触していないと言えよう。
「マス向けプロコンテンツ志向」群は、「音楽・芸能などの情報」への接触頻度が全体で第1位（3.98点）であった。この群はYouTubeの視聴時間が短く、スポーツも含まれる「エンタメとソフトニュース」と「音楽」の2ジャンルをYouTubeアプリで頻度高く視聴していたが、やはりおおむねインターネットで求める情報内容とYouTubeで視聴するジャンルとが一致していた。

動画ジャンルクラスター別のテレビ番組の3ジャンル視聴頻度

次に7つの動画ジャンルクラスターが、どのようなテレビ番組を視聴しているかを先に作成したテレビ視聴ジャンル3因子を用いて見ていこう。

次頁の図7-8は3因子の視聴頻度を示しているが、まずどの群も「ニュース・情報」には3.4点以上の頻度で接触していることがわかる。そして「マス向けプロコンテンツ志向」群を除いた6群はすべて、最もよく視聴しているのが「ニュース・情報」であった。

ここでもスマホYouTubeにハマっている2群から見ていくと、「全ジャンル高頻度群」はすべてのテレビ番組ジャンルの視聴頻度が平均を上回っており、なかでも「実用・学び・スポーツ」の視聴頻度が相対的に見て高く、個別の番組内容でも「バラエティ・トーク番組」を除きすべて第1位であった。

したがってこの群は、YouTubeを含むインターネットだけでなくテレビも利用しながら、情報収集を積極的にかつ効率的にも行う群であると言えるだろう。「情報多様性志向」と「エコーチェンバー志向」のいずれの得点も平均よりも高かったので、とにかく情報接触をいとわない情報に対して貪欲な層ということが言えるだろう。

図7-8 動画ジャンルクラスター別のテレビ番組3ジャンルの視聴頻度

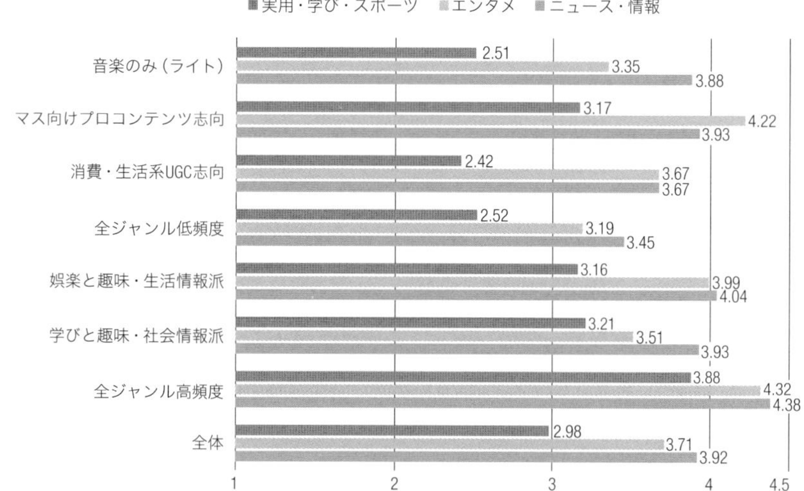

もう1つのスマホYouTubeにハマっているクラスターである「消費・生活系UGC志向」群は7群中で最も「実用・学び・スポーツ」ジャンルに接触していない。そしてビジネスや教養に関わる情報にはテレビでもほぼ接触しておらず、この群が他群と比して頻度高く視聴しているのは「ドラマ」(3.94点) であった。またYouTubeでよく視聴している「消費・生活系UGC」ジャンルにやや近いと思われるテレビの「趣味・実用番組」は7群中6位の低い視聴頻度であった (2.70点)。

したがって「消費・生活系UGC志向」群は自身が好む情報を、YouTubeを含むインターネットサービスに頼っており、求める情報の範囲は「広く社会性を持った」というよりも「個人的なもの」にずいぶんと偏っていると言えるだろう。もちろん「ドラマ」を共通の話題として社交を行うことは考えられる。しかしドラマはこの10年ほどで大きく視聴率が落ち込んでおり、社交空間は物理的空間であれネット上であれ、さほど広いとは言えないだろうというのが筆者らの見方だ。

　またスマホYouTubeにややハマっていると言える「娯楽と趣味・生活情報派」群は、テレビ番組の3ジャンルすべてを平均以上に視聴し、相対的にはやや「エンタメ」の視聴頻度が高い。最もよく視聴するジャンルは「バラエティ・トーク番組」(4.61点）であり、「ドラマ」の視聴も比較的高い（3.99点)。他方「教育・語学・教養番組」「スポーツ番組」の視聴頻度は相対的に低く、スポーツ以外の娯楽を求めてテレビに接触する群と考えられる。

　この群のテレビ視聴時間は2位なので、テレビでもYouTubeでも趣味と娯楽が中心で、ニュースもワイドショーや情報番組からソフトニュースを多く入手している群と考えられる。仕事や勉強・学習をしている時間は7群中最も短かった[7]。

　ここからは後半の4つの群の記述へと進むが、やはりYouTubeアプリでの視聴ジャンルとネットやテレビでの接触情報が類似していることがわかるだろう。

「マス向けプロコンテンツ志向」群は、インターネットでも「スポーツ情報」をよく見たり読んだりしており、また個別のテレビ番組内容においても「スポーツ番組」をよく視聴していた。またこの群がテレビで最もよく視聴するのは「エンタメ」ジャンルであった。そして妥当な結果だが、自宅でのテレビ視聴時間は7群中最長であった[8]。

「学びと趣味・社会情報派」群は、テレビで「ニュース・情報」「エンタメ」をよく視聴しているものの、全体平均よりよく視聴しているものは「実用・学び・スポーツ」のみであった。特に「ビジネス番組」の平均視聴頻度が、「全ジャンル高頻度」群に次ぐ第2位で3点を超えており、「ドラマ」や「音楽番組」よりも高かった。「教育・語学・教養番組」の平均視聴頻度も3点台で、相対的に高い。
「音楽のみ（ライト）」群は、「ニュース」のみ他群とほぼ同等に視聴しているものの、他のテレビ番組視聴については低調である。特に「料理・グルメ番組」は全群中、視聴頻度が最低であり（2.69点）、YouTubeでは平均的に視聴していた「音楽」と類似の「音楽番組」も、「全ジャンル低頻度」群に次いで下から2番目（3.33点）であった。
最後に「全ジャンル低頻度」群である。この群はテレビ視聴ジャンル3因子すべてで平均を下回り、個別の番組内容で見ても、第6位か最下位の視聴頻度であった。テレビ視聴時間の順位は4位だが（ただし同率4位があった）全体平均を下回っていた。このことから、「全ジャンル低頻度」群はYouTube、インターネット、テレビのすべてにおいて、メディア接触が不活発な層であると言えよう。
この群は年齢が高めで男性が多く（59.4%）、比較的高学歴でテレビは平均をやや下回る程度、ネットの情報にはあまり接触しない。けれども紙の新聞や書籍を比較的よく読むという可能性は否定できない。一方で、紙も含めた多くのメディアにも情報にもあまり接触しない特徴を持っている可能性もあり、実際はここに記した2つのタイプがグラデーション状に混在しているのだろう。

ネットでの情報接触とテレビ視聴に関わるインサイト

以上の結果から、7つの動画ジャンルクラスターの人たちがインターネットで接触する情報は、YouTubeで視聴する内容と類似していると結論づけられる。別の言い方をすれば、各群で求める情報の内容は異なっていて、各群が情報を希求する中でインターネットを利用し、その延長線上にYouTubeが位置づいていると言える。
また7つの動画ジャンルクラスターの人たちがテレビで視聴するジャンルについても、それはYouTubeで視聴するジャンルや内容とおおむね重なっていた。したがって放送技術と通信技術という違いがあっても、あるいはマスメディアとより細分化された情報を届けることが可能なメディアというように性格が異なっても、やはり情報の内容やジャンルに対する人の志向性を大きく変えるほどの力がテクノロジーにあるとは全体としては言えないようだ。

ただしYouTubeで「音楽」を視聴する層がテレビの音楽番組を視聴しているわけではなく、YouTubeで「消費・生活系UGC」を視聴する層がテレビの「趣味・実用番組」を視聴しているわけではなかった。これが「おおむね」と直前に書いた理由で、このようにそもそも内容が細分化されうるようなジャンルの場合は、テレビからYouTubeへの移行ということが起こりうることが示唆された。

5　まとめ

本章では、YouTubeアプリ以外のネットサービス（アプリ）およびテレビでの閲覧・視聴内容についての分析結果を示してきた。

第3節ではアーキテクチャ7クラスター別に、第4節では動画ジャンル7クラスター別に述べてきたが、後者において、YouTubeアプリで視聴する動画ジャンルとYouTube以外のアプリやネットサービスで接触する情報、さらには視聴するテレビ番組のジャンルや内容が大きく言えば似ていることが明らかになった。

それに比べるとアーキテクチャクラスターでは、メディアやサービスを超えて人が似たものに接触するという傾向がはっきりとは見られなかった。このことは、好きなコンテンツや情報を閲読しよう、視聴しようという利用者の動機が様々なサービスの利用者行動を決める強い要因であると考えられ、別の言い方をすれば、メディアテクノロジーが変われども、似たような内容を多くの人びとは見たり、聴いたり、読んだりするということである。

次頁の表7-2はこれまで分析視点としてきた7つのアーキテクチャク

ラスターと7つの動画ジャンルクラスターの対応関係を示している。

△は有意に多く出現する場合、▼は有意に少なく出現する場合を有意水準5%で示している。全体を見て言えることは、動画ジャンル7クラスターとアーキテクチャ7クラスターの間には多くの連関があることだ。つまりある動画ジャンルを視聴する時に、便利でよく使われるアーキテクチャのパターンはある。

ただし、この結果はアーキテクチャの影響力によってコントロールされてそうなってしまったという場合よりも、利用者が自分の視聴する動画ジャンルに合わせてアーキテクチャを自分で選択し、便利な機能を試行錯誤した結果とそうなっているという場合の方が多いと筆者らは考えている。その理由として大きいのは、第3章で記したように一部のSNS

表7-2 動画ジャンル7クラスターとアーキテクチャ 7クラスターの対応関係

クラスター名	情報熱中者	YouTubeアプリ愛好者	YouTubeアプリ受動的利用者	キーワード検索のみ	登録チャンネル+キーワード検索	情報低関心者	キーワード検索+推奨アルゴリズム
音楽のみ(ライト)	▼	▼		△			
マス向けプロコンテンツ志向		▼			△		
消費・生活系UGC志向		▼					
全ジャンル低頻度	▼	▼		△		△	▼
娯楽と趣味・生活情報派		△		▼			
学びと趣味・社会情報派	▼					▼	
全ジャンル高頻度	△	△		▼	▼	▼	

△は有意に多く出現、▼は有意に少なく出現。

アプリと異なり、YouTubeアプリでは「ホーム画面」でも利用者による選択可能アーキテクチャが多く用意されているからである。

少し詳しく見るために、まず横方向に眺めて動画ジャンルクラスターに注目すると、アーキテクチャクラスターとの連関が最もはっきり出ているのは「全ジャンル高頻度」群で、5つのセルに△もしくは▼が登場する。つまり「全ジャンル高頻度」群の人は、「情報熱中者」群と「YouTubeアプリ愛好者」群とに多く所属する。いずれも多くのアーキテクチャを用いるクラスターである。一方、このクラスターは「キーワード検索のみ」「登録チャンネル＋キーワード検索」「情報低関心者」の3つのクラスターには所属することが少ない。

また「消費・生活系UGC志向」群の人は、どのアーキテクチャクラスターに多く／少なく所属するという傾向が乏しい。つまりこの群はアーキテクチャ利用に強い特徴がなく、様々なアーキテクチャの使い方をする傾向がある。

今度は表7-2を縦方向に眺めてアーキテクチャクラスターに着目すると、「YouTubeアプリ受動的利用者」群と「キーワード検索＋推奨アルゴリズム」群が、どの動画ジャンルクラスターに多く／少なく所属するという傾向が乏しいことがわかる。特に「YouTubeアプリ受動的利用者」群は△と▼が1つもないため、全体における動画ジャンルクラスターの構成比と近い割合で各動画ジャンルクラスターに存在しているはずだ。

さて話をメディア横断的に見た視聴ジャンルに戻すと、YouTubeアプリで視聴する動画ジャンルと視聴するテレビ番組のジャンルや内容が大きく言えば似ているという本章の結論には見逃すことのできない例外もあった。

1つ目は、「キーワード検索＋推奨アルゴリズム」群が、YouTubeでは「音楽」を頻度高く視聴するものの、テレビでの「音楽番組」を頻度高く視聴してはいなかった点である。

2つ目も音楽に関わるものだが、「音楽のみ（ライト）」群において、

YouTubeアプリで「音楽」は他群と同程度に視聴されていたものの、この群はテレビの「音楽番組」は視聴頻度が低く（3.33点）、順位が7群中6位であったことだ。

そして3つ目は、「消費・生活系UGC志向」群において「消費・生活系UGC」はよくYouTubeアプリで視聴されるが、この群では類似していると考えられるテレビの「趣味・実用番組」の視聴頻度が低かったことだ。

以上の3つは本質的に同じことが具体的な現象となって現れているというのが筆者らの見立てである。すなわち、積極的にネット（アプリ）やYouTubeのあるジャンルを閲覧・視聴する場合には、細分化された内容へと接触する傾向を持つということだ。仮に本書の関心の中心であるアーキテクチャを色濃く出して記すならば、動画推奨アルゴリズムを利用することが多いと、だんだんと「音楽」や「消費・生活系UGC」といった細分化されたサブジャンルを持つジャンルの視聴頻度が上がっていくという因果関係を持っているのだろうということになる。

つまり、メディアテクノロジー、特に放送技術ではなく通信技術を使うネットサービスに特有なパーソナライゼーション技術を基盤とする動画推奨アルゴリズムを使った機能は、全体としてはさほどの影響力を持たないだろうが、とはいえ一部の利用者には働きかけて視聴行動を変えている可能性があるということだ。したがってこの因果関係の検証が第8章と第9章の作業になる。

1　主因子法で抽出し、カイザー基準で因子数を3と決定した後、プロマックス回転を実行した。

2　3因子のクロンバックのα係数は順に、0.82、0.77、0.67であった。

3　音楽や芸能も実に幅広いが、ネットのポータルサイトでの閲覧量が多いものは大衆文化（ポップカルチャー）に該当する音楽や芸能についてのものである。

4　「キーワード検索＋推奨アルゴリズム」群の「自宅でテレビ番組（録画した番組を含む）を見る時間」の得点平均値は5.79点で、「5：30分以上45分未満」と「6：45分以上1時間未満」の間であった。全体平均は6.38点で、6位の「YouTubeアプリ愛好者」群で6.35点であった。なお選択肢番号7は「1時間以上1時間30分未満」。

5　「キーワード検索＋推奨アルゴリズム」群の「（場所を問わず）仕事や勉強・学習をしている時間」の得点平均値は8.89点で、「8：1時間30分以上2時間未満」と「9：2時間以上3時間未満」の間だが後者に近い。全体平均は8.40点で、2位の「YouTubeアプリ愛好者」群で8.46点であった。

6　「キーワード検索のみ」群の「自宅でテレビ番組（録画した番組を含む）を見る時間」の得点平均値は6.75点であった。選択肢は「5：30分以上45分未満」「6：45分以上1時間未満」「7：1時間以上1時間30分未満」で、2位の「YouTubeアプリ受動的利用者」群と3位の「登録チャンネル＋キーワード検索」群の平均値はそれぞれ6.56点と6.54点であった。

7　「娯楽と趣味・生活情報派」群の「（場所を問わず）仕事や勉強・学習をしている時間」の得点平均は8.03点で、「8：1時間30分以上2時間未満」と「9：2時間以上3時間未満」の間であるが、前者に非常に近い。全体平均は8.40点で、6位は「消費・生活系UGC志向」群の8.26点であった。

8　「マス向けプロコンテンツ志向」群の「自宅でテレビ番組（録画した番組を含む）を見る時間」の得点平均は7.19点で、「7：1時間以上1時間30分未満」と「8：1時間30分以上2時間未満」の間であった。

クラスター別の横顔

●7つのアーキテクチャクラスターの横顔

2021年のアーキテクチャ7クラスターを構成比の大きい順にまとめたのが以下である。

「YouTubeアプリ愛好者」群（構成比29.1%、男性比率51.1%、平均年齢32.0歳）：

動画5ジャンルの視聴頻度はすべて2位で、YouTubeアプリ視聴分数の中央値は22.9分で3位。アプリでの視聴時間割合が65.0%と7クラスターで最高であったことと幅広くアーキテクチャを利用することから「YouTubeアプリ愛好者」群とした。ただし「情報・コンテンツ過多感」をやや抱えていそうだ。

ネットでの情報接触頻度では「音楽・芸能などの情報」と「最近の流行・はやりもの」が全体平均より高い。テレビ3ジャンルの視聴頻度はすべて2位だったが、テレビの視聴時間は6位で、情報の「つまみ食い」の傾向がありそうだ。

「キーワード検索＋推奨アルゴリズム」群（構成比17.8%、男性比率48.6%、平均年齢27.0歳）：

最も若い群。「音楽」の視聴頻度が高く、「サブカル系UGC」と「消費・生活系UGC」も平均以上に視聴。アプリ視聴分数の中央値は39.9分で1位。「嗜好性による内容偏向」の意識が強く、視聴内容の偏りには自覚的である。YouTubeへの印象は好意的で、「検索・発見の自己効力感」は低めのようだ。

ネットでの情報接触頻度は、「個人的な趣味に関する情報」が非常に高く7群中1位。テレビ3ジャンルの視聴頻度はすべて平均を下回る。YouTubeアプリでの「音楽」視聴は活発だが、テレビでの音楽番組の視聴頻度は高くない。

「キーワード検索のみ」群（構成比15.5%、男性比率47.5%、平均年齢34.5歳）：

動画5ジャンルの視聴頻度がすべて平均より低く、「サブカル系UGC」が特に低い。YouTubeアプリ視聴分数の中央値は9.2分と短い。「低質コンテンツ過多感」を感じている程度が高いと推測され、それへの耐性が乏しいとも考えられる。

ネットでの情報接触頻度も全体として高くはなく、全体を上回ったのは「近所や地元の身近な情報」だけであった。テレビ視聴時間は際だって長いわけではないが、7群中1位で、テレビ3ジャンルの「ニュース・情報」を全体平均に比べると非常に頻度高く視聴している。

「登録チャンネル＋キーワード検索」群（構成比15.3%、男性比率40.8%、平均年齢33.5歳）：

「音楽」は視聴頻度が平均程度で、他の4ジャンルは視聴頻度が平均に比べてやや低い。YouTubeアプリ視聴分数の中央値は15.5分で4位。「嗜好性による内容偏向」の意識が強く、視聴内容の偏りには自覚的である。

ネットでの情報接触頻度は、「個人的な趣味に関する情報」が非常に高い。テレビ3ジャンルの視聴頻度は「ニュース・情報」が全体平均に近いものの、3ジャンルいずれも全体より低い。

「YouTubeアプリ受動的利用者」群（構成比12.0%、男性比率60.6%、平均年齢34.6歳）：
「音楽」の視聴頻度がやや低く、他4ジャンルの視聴頻度は最も平均的である。YouTubeアプリ視聴分数は平均値では37.7分と4位だが、中央値は8.9分と短く6位。「低質コンテンツ過多感」を感じている程度が高いと推測され、さほど強くないが、「YouTubeに対する不安感・否定的評価」を持つと考えられる。

ネットでの情報接触頻度も全体としては平均的だが、「仕事や学業に関わる情報」には7群中2位とよく接触し、逆に「個人的な趣味に関する情報」は6位。テレビ視聴時間は2位と長い部類だが、テレビ3ジャンルでは、「ニュース・情報」は全体平均より低く、「実用・学び・スポーツ」が全体平均を上回った。

「情報熱中者」群（構成比5.6%、男性比率61.4%、平均年齢29.5歳）：
7アーキテクチャ利用頻度のすべてが1位、動画5ジャンルの視聴頻度もすべて1位で、YouTubeアプリ視聴分数の中央値は28.5分で2位。ただしアプリでの視聴時間割合は57.5%と全体より4ポイント以上低く、他デバイスでの視聴時間割合が高い。YouTubeでの「嗜好性による内容偏向」の意識は低く、「エコーチェンバー志向」と「情報多様性志向」のどちらも満たすために積極的にすべてのアーキテクチャを利用していると考えられる。「検索・発見の自己効力感」は高めだと推測される。

ネットでの情報接触も全般的に頻度が高く、「政治・経済・社会の情報」と「仕事や学業に関わる情報」で1位。テレビの3ジャンルの視聴頻度がすべて1位で、「エンタメ」ジャンルが最も高い唯一のクラスターであった。ただしテレビの視聴時間は5位で情報の「つまみ食い」の傾向が見てとれた。YouTube以外のメディアでの情報接触傾向も踏まえ「情報熱中者」群と名づけた。

「情報低関心者」群（構成比4.7%、男性比率40.5%、平均年齢35.5歳）：
5つのアーキテクチャ利用頻度が最下位で、動画5ジャンルすべての視聴頻度が7群中最低。YouTubeアプリ視聴分数の中央値も最短。また「情報多様性志向」をあまり強く持たないと推測される。

ネットでの情報接触頻度も9種類すべてが7群中最下位で、テレビ3ジャンルの視聴頻度は「エンタメ」と「ニュース・情報」で最下位であった。YouTube以外のメディアでの情報接触傾向も踏まえ、「情報低関心者」群と名づけた。

●7つの動画ジャンルクラスターの横顔

2021年の動画ジャンル7クラスターを構成比の大きい順にまとめたのが以下である。

「音楽のみ（ライト）」群（構成比20.7%、男性比率47.9%、平均年齢33.6歳）：
「キーワード検索」のみを平均的に利用するが、他アーキテクチャ利用頻度は低い。YouTubeアプリ視聴分数の中央値は11.6分の6位で、他デバイスでの視聴時間割合が高い。
ネットでの情報接触頻度は「個人的な趣味に関する情報」が4位だった以外は、「音楽・芸能などの情報」も含めて低く、「仕事や学業に関わる情報」は7位。テレビでは「ニュース・情報」のみ全体と同程度で、他の2ジャンルは全体よりも低い。

「全ジャンル高頻度」群（構成比16.9%、男性比率63.9%、平均年齢31.1歳）：
多くの者が頻度高く利用する「キーワード検索」以外のアーキテクチャは平均を大きく上回る利用頻度。YouTubeアプリ視聴分数の中央値は31.3分の2位で、アプリでの視聴時間割合は60.8%と平均に近い。
ネットでの情報接触も全般的には高頻度だが、1位は「政治・経済・社会の情報」「スポーツ情報」「グルメや旅行・レジャー情報」の3つのみで、「個人的な趣味に関する情報」は6位。テレビでは3ジャンルすべての視聴頻度が1位だが、「実用・学び・スポーツ」を特によく視聴する。

「娯楽と趣味・生活情報派」群（構成比16.2%、男性比率33.1%、平均年齢31.4歳）：
すべてのアーキテクチャを平均以上に利用するが、「登録チャンネル」と「ライブラリ」利用がより活発。YouTubeアプリ視聴分数の中央値は15.4分と全体をやや下回り、アプリでの視聴時間割合は66.4%と高い。
ネットでの情報接触では、「生活に関わる実用的な情報」が7群中1位、「最近の流行・はやりもの」と「個人的な趣味に関する情報」が2位。テレビ3ジャンルはすべて全体よりも高頻度で視聴するが「エンタメ」が特に平均より高く、番組内容で最も高頻度で視聴するのが「バラエティ・トーク番組」。「ドラマ」の視聴頻度も高い。

「学びと趣味・社会情報派」群（構成比15.8%、男性比率76.6%、平均年齢32.0歳）：
男性比率が最も高く、全アーキテクチャを平均的に利用する。YouTubeアプリ視聴分数の中央値は21.8分と全体をやや上回り、アプリでの視聴時間割合は62.7%と全体平均に近い。

ネットでは、「仕事や学業に関わる情報」と「個人的な趣味に関する情報」に7クラスター中最もよく接触しており、逆に「音楽・芸能などの情報」は6位と接触頻度が低い。テレビで全体よりよく視聴しているものは「実用・学び・スポーツ」ジャンルで、番組内容別では「ビジネス番組」の視聴頻度が「ドラマ」「音楽番組」より高い。

「消費・生活系UGC志向」群（構成比12.9%、男性比率10.9%、平均年齢28.4歳）：

女性が9割を占めるのが最大の特徴で最も若いクラスターでもある。「登録チャンネル」の利用頻度が平均よりも高い。YouTubeアプリ視聴分数の中央値は32.5分の1位で、アプリでの視聴時間割合は69.1%の2位である。

ネットでは、「最近の流行・はやりもの」に7クラスターで最も頻度高く接触する一方、「政治・経済・社会の情報」「スポーツ情報」「近所や地元の身近な情報」の接触頻度は7位。テレビ3ジャンルでは「実用・学び・スポーツ」の視聴頻度が7位で、他群よりも視聴頻度が高いのは「ドラマ」であった。

「全ジャンル低頻度」群（構成比12.2%、男性比率59.4%、平均年齢33.8歳）：

すべてのアーキテクチャ利用頻度が極端に低く、YouTubeアプリ視聴分数も最短。ネットでの情報接触で高めなのは「個人的な趣味に関する情報」のみで、全般的な情報接触は低調。テレビ3ジャンルもすべて平均を下回り、番組内容でもすべてが6位か7位の視聴頻度であった。

「マス向けプロコンテンツ志向」群（構成比5.3%、男性比率54.8%、平均年齢35.8歳）：

年齢の最も高いクラスター。「キーワード検索」を7群中で最も高頻度で利用。YouTubeアプリ視聴分数の中央値は17.9分と全体をわずかに下回る一方で、アプリでの視聴時間割合は71.2%の1位。

ネットでの情報接触頻度は「音楽・芸能などの情報」が1位で、「スポーツ情報」が2位。テレビ視聴時間は1位で、テレビ3ジャンルでは「ニュース・情報」よりも「エンタメ」の視聴頻度の方が高い唯一のクラスター。

第8章

スマホYouTubeにハマっていく——パターン1

視聴動画ジャンル間と利用アーキテクチャ間の因果関係を探る

ここからは本書の大きな関心であるスマホYouTubeに「ハマっていく」パターンを明らかにしていこう。つまり相関関係ではなく因果関係を探っていく。その前半が本章で、たとえば動画ジャンルAを視聴していることによって動画ジャンルBをよく視聴するようになるとか、アーキテクチャXを使っていることによってアーキテクチャYの利用頻度が上がっていくといった関係を見ていく。動画ジャンル同士の因果関係、アーキテクチャ同士の因果関係だけを見ていくのが本章で、動画ジャンルとアーキテクチャとの因果関係は次の章の内容となる。

流れとしては、第1節で、YouTubeアプリの視聴時間に関係する動画ジャンルおよびアーキテクチャについての結果を確認する。この部分は相関関係の分析である。その後、第2節でパネル調査という因果関係を考察するのにすぐれる手法の説明をして、第3節で5つの動画ジャンルの視聴頻度についての因果関係、第4節で7つのアーキテクチャの利用頻度についての因果関係と進めていく。

なお本章と次章ではこれまで長らく分析視点としていた7つのアーキテクチャクラスターと7つの動画ジャンルクラスターではなく、各クラスターを作るもととなったアーキテクチャ7因子と動画ジャンル5因子（いずれも2021年のもの）が分析視点となる。この点には注意して欲しい。

1　因果関係に先立ち相関関係を探る

視聴時間に関係するのはどのアーキテクチャ？　どの動画ジャンル？

因果関係を探るに先立ち、まず2021年1月の1時点のデータを用いてYouTubeアプリ視聴時間に関係するのが、どの動画ジャンルの視聴頻度なのか、どのアーキテクチャの利用頻度なのかを見ていこう。

そのためにYouTubeアプリ視聴分数を目的変数[1]とした重回帰分析という方法で分析を行った。重回帰分析は、第5章で登場しているが、特定の変数を目的変数とし、それを他の変数（説明変数）で説明しようとする手法である。

その結果を示したものが図8-1で、第3章で説明した7つのアーキテクチャ利用頻度を示すアーキテクチャ7因子（2021年）と第4章で説明した5つの動画ジャンル視聴頻度を示す動画ジャンル5因子（2021年）が説明変数として登場している。

図8-1の横軸数値は偏回帰係数と呼ばれるものである。各変数の赤い四角印はその推定値であり、四角印から左右に伸びる横線は推定値の95%信頼区間である。この95%信頼区間が0の値に引かれている縦線に重なっていない場合、その推定値は5%水準で統計的に有意だと判断できる。

そして四角印が正の値をとっている場合には、その変数の値が大きくなればなるほどYouTubeアプリ視聴分数が長くなることを、逆に負の値をとっている場合には、その変数の絶対値が大きくなればなるほどYouTubeアプリ視聴分数が短くなることを示している。もし95%信頼区間が0の縦線と重なっている場合は、その変数がYouTubeアプリの視聴分数には有意な関係を持つとは言えないことになる。

なお次頁の図8-1には現れていないが、重回帰分析のモデルには、性別、年齢、教育年数（学歴）、そして定額で1カ月に利用できるデータ通信容量の4つの変数を入れた[2]。年齢の若いことがYouTubeアプリ視聴分数に関係している可能性が大いに考えられるなどの理由からで、その影響を排除するためにこれらを統制変数として投入した。この工夫により、ここでの主題である7つのアーキテクチャ利用頻度および5つの動画ジャンル視聴頻度それぞれのYouTubeアプリ視聴分数への1対1の関係の強さを測ることが可能になる。

図8-1 YouTubeアプリ視聴分数を目的変数とした重回帰分析結果（数値は偏回帰係数）

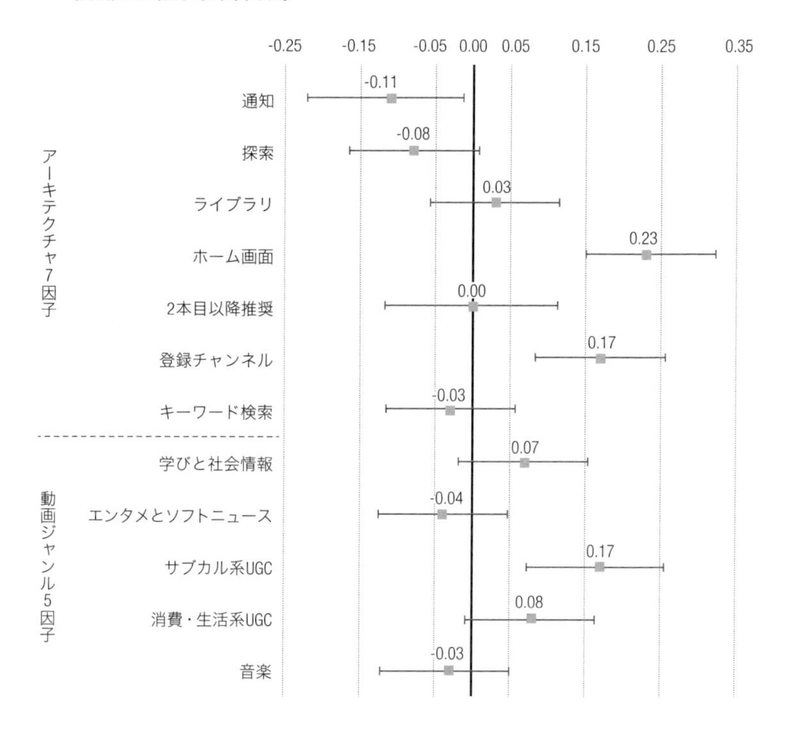

まず図8-1には示されていない統制変数の結果を記すと、男性の方がYouTubeアプリ視聴分数が長く、年齢が低くなるほど長いという結果となった。そして教育年数はYouTubeアプリ視聴分数には関係がなかった。またデータ通信容量が大きいことも関係がなかった。Wi-Fi環境が確保できない外出先でのスマートフォン利用が多い人、特に動画視聴をよく行う人は、契約データ通信容量が大きくYouTubeアプリ視聴分数が長い可能性があると考えていたがそうではなかった。

では図8-1を見ながら推定結果を確認しよう。アーキテクチャ7因子に関しては、有意な変数のうち四角印が正の値をとっているのは「ホーム画面」(0.23）と「登録チャンネル」(0.17）なので、この2つのアーキテクチャをよく利用する場合にYouTubeアプリ視聴分数が長い傾向がある。逆に有意な変数で四角印が負の値をとったのは「通知」(-0.11）であった。つまり「通知」をよく利用する人ほどYouTube視聴分数が短い傾向があった。

では動画ジャンル5因子はどうか。有意な変数は「サブカル系UGC」(0.17）だけで正の値なので、「サブカル系UGC」をよく視聴する人はYouTubeアプリ視聴分数が長い傾向がある。2つあるUGCの動画ジャンルの1つが、YouTubeの視聴分数の長さと相関していた。

最後にもう一度図を眺めて、アーキテクチャ因子のどの四角印が0の縦線から最も離れているかを確認して欲しい。するとそれが「ホーム画面」であることがわかる。各四角印の値はYouTubeアプリ視聴分数への関係の強さを絶対値の大小で比べられるものなので、これらの変数の中でYouTubeアプリ視聴分数の長さに最も強く関係するのは「ホーム画面」の利用頻度であるということがわかる。そして「ホーム画面」では動画推奨アルゴリズムが機能している。ただし2番目に強く影響するのは「登録チャンネル」で、こちらには動画推奨アルゴリズムは使われていない。

視聴動画ジャンルと利用アーキテクチャの相関関係

次頁の表8-1は動画ジャンル5因子とアーキテクチャ7因子の相関係数を示したものである。半数以上の組み合わせで0.3以上となり、最も相関係数が高いのは「エンタメとソフトニュース」と「探索」の組合せでの0.45であった。

このことは、「エンタメとソフトニュース」を視聴する場合、「探索」が利用されることが多い傾向を示唆している。「探索」は「学びと社会情報」および「サブカル系UGC」との間でも0.4を上回っており、これらの全部で3つの動画ジャンルの視聴時に「探索」が使われている傾向が見られる。また「サブカル系UGC」は0.4以上のアーキテクチャが5つあり、幅広いアーキテクチャと親和性の高いジャンルだと言える。

「サブカル系UGC」は「登録チャンネル」との間が0.31、「音楽」は「キーワード検索」との間が0.33であった。つまり「サブカル系UGC」は「登録チャンネル」利用を通じて視聴される傾向、「音楽」は「キーワード検索」利用を通じて視聴される傾向を持つ。後者ではアーティスト名や楽曲名で検索されることが多いのだろう。

ただしこの2つのアーキテクチャは他の動画ジャンルとの間の相関係数が低めである。特に低いのは「キーワード検索」で、「学びと社会情報」(0.08)、「エンタメとソフトニュース」(0.09) の2ジャンルとは統計的に意味のある相関があるとは言えなかった。この2ジャンルを視聴する人には「キーワード検索」を使う人も使わない人も同程度いるということだろう。

表8-1 動画ジャンル5因子とアーキテクチャ 7因子との相関係数

	通知	探索	ライブラリ	ホーム画面	2本目以降推奨	登録チャンネル	キーワード検索
学びと社会情報	0.41	0.40	0.38	0.28	0.30	0.21	0.08
エンタメとソフトニュース	0.38	0.45	0.36	0.24	0.29	0.11	0.09
サブカル系UGC	0.42	0.41	0.40	0.42	0.43	0.31	0.10
消費・生活系UGC	0.27	0.31	0.26	0.25	0.34	0.28	0.11
音楽	0.24	0.24	0.34	0.27	0.41	0.17	0.33

2 視聴動画ジャンルと利用アーキテクチャの因果関係

パネル調査という手法

パネル調査とは、同じ対象者（これをパネルという）に対して一定期間に何度か繰り返して調査への回答を求める方法で、回答者を固定しない単発調査と比較して、時間経過にともなう変化や因果関係を分析するのに適している。

第3章と第4章では、2020年調査（N=604）と2021年調査（N=786）の結果を通じて、1年での因子やクラスターの変化について触れた。しかしこれは異なる対象者のデータから大まかな変化を記述したのみで、因果関係を分析したわけではない。

以下での分析データは2021年の1月と7月に約6カ月の間隔をとって行われた2つの調査で、同一の対象者から得られたものである[3]。なおパネルに対する2つの調査の間の時期にはデータに大きな影響を与えるようなYouTubeアプリにおけるアーキテクチャ変更などは筆者らの知る限り起きていない。

因果関係の分析に適すパネル調査だが、同じ対象者に間隔をおいて調査協力を求めるため2回目以降の調査において回答者の離脱は避けられない。以下で用いる調査データも第1調査での分析対象者は786名であったが、第2調査では442名（56.2%）となった。つまり因果関係の分析時には、第2調査での442名のみを対象とし、その442名の人たちの第1調査の回答と比較分析する[4]。

2時点にわたって得られた442名のデータを用いた因果関係の分析には交差遅延効果モデルと呼ばれるものを利用した。その最も単純な場合は次頁の図8-2に示した2変数のモデルとなる。四角で示されたのが変数で、XとYの右下の「1」と「2」は調査時期を示している。変数間を結ぶ矢印が示すように、時間的に先行する（今回の場合は第1調査での）Xという変数を示したX_1は、第2調査でのX_2とY_2の2つの変数のいずれにも影響すると考える。同様にY_1は、第2調査でのY_2とX_2の2つの変数のいずれにも影響すると考える。

今回の場合、たとえば第1調査での「消費・生活系UGC」ジャンルの視聴頻度（X_1）が、第2調査での「消費・生活系UGC」ジャンルの視聴頻度（X_2）にも影響するし、加えて「ホーム画面」アーキテクチャの利

図8-2 交差遅延効果モデル

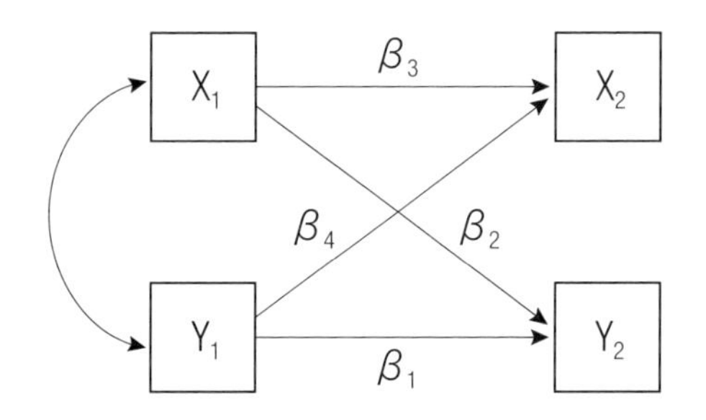

なお、X_2、Y_2のそれぞれには誤差項がつくが、本書ではモデル図において誤差項を省略して示している。
以降のモデル図でも同様に誤差項が省略されている。

用頻度（Y_2）にも影響するという具合に考えている。ただしあくまでもモデルなので、実際の結果では影響しない変数間の関係が出てくることもある。

図8-2では変数の因果関係を示している矢印のそばにβ_1からβ_4の4つの値がある。この「β」は標準偏回帰係数と呼ばれるもので、その数値の大小によって因果関係の強さを比較することができる。

矢印で結ばれた2つの変数間に統計的に有意な因果関係が推定されれば、βの絶対値は大きくなる。逆にβの絶対値が小さければ2変数には有意な因果関係はないことになる。もしβにマイナスがつけば、第1調査での「消費・生活系UGC」ジャンルの視聴頻度が高い場合ほど、第2調査での「ホーム画面」の利用頻度が低くなるという負の因果関係になる。

また第1調査での「消費・生活系UGC」視聴頻度（X_1）と第2調査の「消費・生活系UGC」視聴頻度（X_2）との関係を示すβは、第1調査での「消費・生活系UGC」視聴頻度と第2調査の「ホーム画面」利用頻度（Y_2）との関係を示すβよりも大きくなるのが一般的である。なぜならば同一回答者が6ヶ月のうちに視聴ジャンルを劇的に変えることは考えにくく、仮にある者がそうしたとしてもそれが数百人の規模で起きることは考えにくいからだ。

つまり図8-2では、$\beta_3 > \beta_2$となることが多い。同一の動画ジャンルを示す変数間の因果関係は強く、動画ジャンルとアーキテクチャという異なった種類の変数間の因果関係はそこまでは強くないだろうということである。

採用したモデルとそのあてはまりの良さ

次頁の図8-3に示したモデルを本章および次章での分析では想定した[5]。すなわち第1調査のアーキテクチャ7因子と動画ジャンル5因子の合計12因子を時間的に先行する変数とし、第2調査のアーキテクチャ7因子と動画ジャンル5因子の合計12因子をその結果としての変数とする交差遅延モデルである。念のために書いておくが、変数はアーキテクチャクラスターおよび動画ジャンルクラスターではなく、そのもととなったそれぞれ7つ、5つの因子である。なお各変数の後についている「1」と「2」は第1調査と第2調査の変数であることを示している。

12因子×12因子のモデルであるため、左から右に引かれる矢印の本数は144本あり、因果関係の推定を行うと、そのすべてに対して因果関係の強さを示す標準偏回帰係数と呼ばれるβが算出される。

このモデルにより第1調査の7アーキテクチャの利用頻度が、第2調査の7アーキテクチャの利用頻度のみならず第2調査の5動画ジャンルの視聴頻度にもどのような因果関係を持っているかがわかる。また同時に、第1調査の5動画ジャンルの視聴頻度が、第2調査の5動画ジャンルの視聴頻度のみならず7アーキテクチャの利用頻度にもどのような因果関係を持っているかがわかる。

ただし推定結果を見る前に確認しておかなければならないことがある。それが因果モデルのあてはまりの良さ（適合度）の確認であるが、図8-3に示したモデルの適合度は極めて良好で[6]、このモデルによって変数

図8-3 動画ジャンル5因子＋アーキテクチャ 7印の合計12因子の交差遅延効果モデル

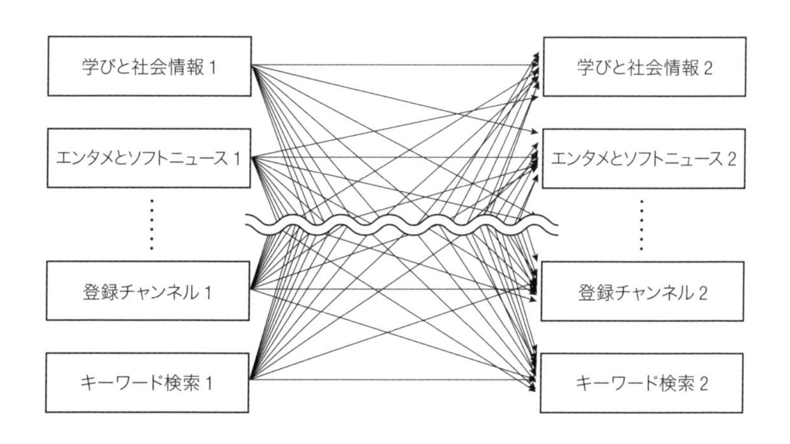

間の因果関係を推定することが十分可能であった。

βの大きさにより変数間には統計的に有意な関係と有意ではない関係があるが、本章と次章の図では有意な関係を示す矢印だけを残した。つまり図中の矢印がつないでいる変数間にはすべて有意な因果関係が推定されている。また各変数の誤差を示す誤差項間の相関関係はモデルでは想定しているが、見やすさから外している。

さて、全体をいきなり見るのは難しいので、本章の以下では、(1) 動画ジャンル5因子間の因果関係、(2) アーキテクチャ7因子間の因果関係を見ていく。そして第9章では (3) 動画ジャンルからアーキテクチャへの因果関係およびアーキテクチャから動画ジャンルへの因果関係を見ていく。

3　5つの動画ジャンル視聴頻度間の因果関係

前出の12×12のモデルで推定した結果の一部分である5つの動画ジャ

ンル間の因果関係の推定結果のみを示したのが図8-4である。

図8-4では同一動画ジャンル間にはすべて右向きの矢印が引かれている。つまり、第1調査での5動画ジャンルの視聴頻度と第2調査での5動画ジャンルの視聴頻度の因果関係が同一動画ジャンル間のすべてで強いと推定されたことがわかる。すなわちある動画ジャンルを視聴していると（少なくとも6カ月ほどは）そのジャンルを視聴し続ける傾向を持つ。回答者の中には、その動画ジャンルをすでにある程度長い期間視聴している者と最近視聴し始めた者がいるだろうが、一般的な傾向として同一動画ジャンルは継続的に視聴される。

同一ジャンル間でβが最大だったのはともに0.67だった「エンタメとソフトニュース」と「消費・生活系UGC」であった。逆にβが最小だったのは「学びと社会情報」（β = .55）であった。つまり全般的に同一動画ジャンルは継続的に視聴される傾向を持つが、継続視聴される程度が特に高いのが「エンタメとソフトニュース」と「消費・生活系UGC」で

図8-4　5動画ジャンル間の因果推定結果

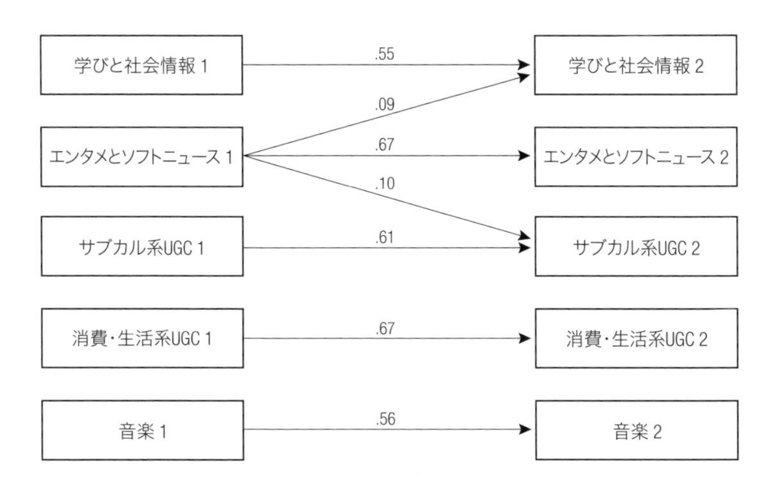

ある。ただし「学びと社会情報」のβも0.55と十分に大きいので、継続視聴傾向のジャンル間の差はさほど大きなものではないと解釈するのが妥当だろう。

「エンタメとソフトニュース」からより細分化された動画へと進む

次の着目点は、ある動画ジャンルを視聴していると、その結果として（時間的に後に）別の動画ジャンルを視聴するようになるのか、である。

図8-4では、第1調査の「エンタメとソフトニュース」から第2調査の「学びと社会情報」（β =.09）と「サブカル系UGC」（β =.10）へと矢印が伸びているが、このことは「エンタメとソフトニュース」を視聴していた人たちは、「エンタメとソフトニュース」を視聴していなかった人たちに比べて「学びと社会情報」および「サブカル系UGC」をよく視聴するようになるという因果が推定されるということだ。平たく言えば、「エンタメとソフトニュース」を視聴していた人は時間とともに「学びと社会情報」、あるいは「サブカル系UGC」へと視聴ジャンルを広げていく傾向を持つということだ。

どう解釈すれば良いのだろうか。「エンタメとソフトニュース」ジャンルは、内容レベルでは「バラエティ番組」「スポーツや芸能のニュース・報道・ドキュメンタリー」「トーク・コント・漫才などのお笑い」「ドラマ・映画」などとの関係が深いが（第4章）、大まかにはこれらはテレビで放送されている「テレビ的コンテンツ」と考えることが可能である。つまり「テレビ的コンテンツ」を入口にYouTubeアプリで視聴していると、やがて「学びと社会情報」「サブカル系UGC」といったコンテンツを視聴していくようになる、と言える。

では「学びと社会情報」と「サブカル系UGC」がどのようなコンテンツかと言えば、後者はジャンル名に「UGC」が含まれているようにUGCである。すなわち一般利用者が投稿した動画で、「テレビ的コンテンツ」とは決定的に異なる性質を持つ。「ゲーム映像・実況」や「体を使った芸・実験などの『やってみた』動画」などはテレビではほとんど目にしない。

そして実は、この性質は「学びと社会情報」ジャンルにもあてはまるのではないだろうか。「学びと社会情報」と関連の深い内容レベルで「テレビ的コンテンツ」に該当するものは、恐らく「政治・経済・社会のニュース・報道・ドキュメンタリー」と「英会話など語学学習に使える映像」だけである。そしてそれ以外は実に様々な内容の「学び」動画が主としてUGCとしてアップロードされている。ここでの「学び」には「学業や仕事」のみならず、「生活に必要な」そして「趣味に関わる」実演・解説動画も含まれているからだ。

また「英会話など語学学習に使える映像」もテレビ以上に学習者のレベルなどによって細分化されたものがYouTubeにはあるだろう。そしてこの語学学習でもUGCが一定の存在感を持っていると考えられる。

だとすれば、ここでの「エンタメとソフトニュース」から「エンタメとソフトニュース」のみならず、矢印が「学びと社会情報」と「サブカル系UGC」へも伸びているという結果は、「テレビ的コンテンツ」を視聴するためにYouTubeアプリを利用する場合、時間が経過すると、そこからより多様で細分化された主にUGCであるコンテンツへと視聴する動画ジャンルを広げていく傾向を持つとまとめられる[7]。

この点は第7章で、「キーワード検索＋推奨アルゴリズム」群がYouTubeでは「音楽」を頻度高く視聴するものの、テレビでの「音楽番組」を頻度高く視聴していなかったり、「消費・生活系UGC志向」群において「消費・生活系UGC」はよくYouTubeアプリで視聴されるが、テレビの「趣味・実用番組」の視聴頻度が低いということと関連する。「テレビ的コンテンツ」からYouTubeにしかない細分化されたコンテンツへと視聴の幅を広げてハマっていった結果が、第7章の1時点でのデータにも現れていたという考え方だ。

「独立した閉じた世界」を形成する「消費・生活系UGC」と「音楽」

最後に図8-4の結果を別の向きから描写しておこう。「エンタメとソフトニュース」は「学びと社会情報」と「サブカル系UGC」の2ジャンルとの因果関係を持った。このことは、残りの2つの動画ジャンルである「消費・生活系UGC」と「音楽」は他の動画ジャンルと関わりを持たなかったということである。

つまりこの2ジャンルはそのジャンルだけが視聴され続ける傾向を持ち、YouTubeアプリ内においては利用者にとって「独立の閉じた世界」を形成していた。このことは全般的な傾向としては、「消費・生活系UGC」と「音楽」を視聴している場合、他のジャンルへと関心が向かわないという因果が見てとれるということだ。

「消費・生活系UGC」と「音楽」はすでにその下位に非常に細分化されたコンテンツがYouTubeに存在しているジャンルなので、本書での動画ジャンルとしては視聴の幅を広げていくわけではない。けれどもそのジャンル内での視聴頻度が上がっていくというパターンで「ハマっていく」と言えるだろう。

4　7つのアーキテクチャ利用頻度間の因果関係

次に12×12のモデル（図8-3）で推定した結果の一部分であるアーキテクチャ7因子間の因果関係の推定結果のみを示した図8-5を見てみよう。なおβが正の場合は矢印を実線で、負の場合は矢印を破線で示している。

200頁の図8-5では、同一アーキテクチャ間にはすべてβが正の実線矢印が引かれている。よって、第1調査での7アーキテクチャの利用頻度と第2調査での7アーキテクチャの利用頻度の因果関係が同一アーキテクチャ間のすべてで高いことがわかる。つまりあるアーキテクチャを利用していると（少なくとも6カ月ほどは）そのアーキテクチャを利用し続ける傾向を持つということだ。

その同一アーキテクチャ間の7本の矢印の中でβが最大だったのは「登録チャンネル」(β＝.63) であった。ついで「キーワード検索」(β＝.44)、「探索」(β＝.44)、「ホーム画面」(β＝.40) と続いた。逆にβの小さい方からは、「2本目以降推奨」(β=.31)、「ライブラリ」(β＝.32)、「通知」(β＝.35) であった。βの大きさは「登録チャンネル」とそれ以外で大きな差があったので、「登録チャンネル」を利用していた人たちは「登録チャンネル」を利用していなかった人たちに比べて、「登録チャンネル」をよく利用するようになる傾向が特に強いと言える。別の言い方では、「登録チャンネル」は一度利用し始めると利用頻度がより高くなっていく機能である、となる。

ただしパネル分析 (N=442) によれば、第1調査と第2調査での登録チャンネル数には有意差はなく、若年層に限っても同様であった。[8] つまり6カ月という間隔では、利用者は登録チャンネル数を増やすわけではなく、継続的に同じチャンネルを熱心に視聴するようになっていくという行動の方が実態を示していると考えられる。[9]

もう1つ大事な点は、前節で同一動画ジャンル間の関係を示すβの値が0.67～0.55であったのに対して、同一アーキテクチャ間の関係を示すβの値が0.63～0.31であったことである。しかもすでに書いたとおり「登録チャンネル」の0.63だけが大きく、他は0.44以下であった。

つまり同一動画ジャンルの視聴継続性の方が、同一アーキテクチャの利用継続性よりも強いわけだ。別の観点から記せば、YouTubeアプリの利用アーキテクチャは時間の経過とともに変わっていく傾向をある程度は持つということである。

では、その結果詳細のうち重要なものを以降で記し、解釈していこう。具体的には、第1調査の利用アーキテクチャから第2調査での同一ではないアーキテクチャへと伸びている斜めの矢印に着目し、あるアーキテクチャを利用していると他のアーキテクチャを使う／使わないようにな

図8-5 7アーキテクチャ間の因果推定結果
（12×12モデルの一部のみを掲載）

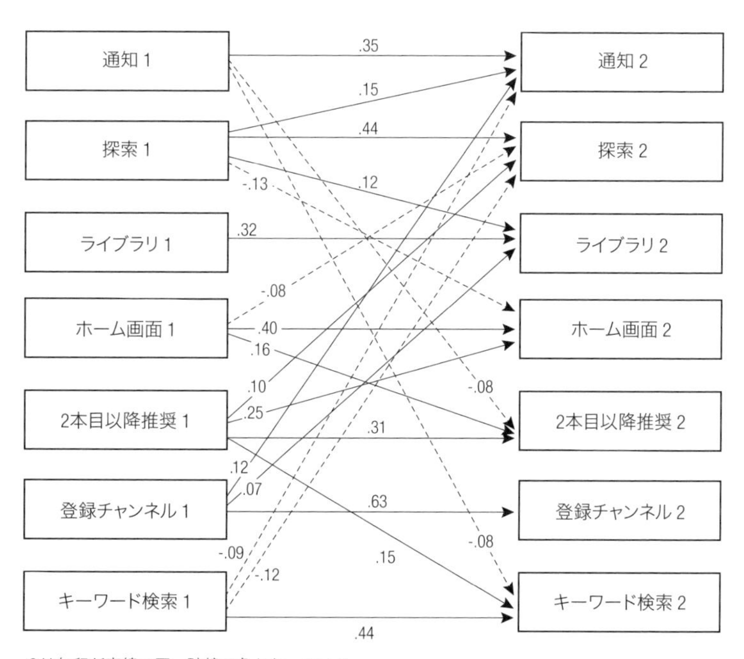

っていくのかという観点である。

「通知」を使っているとYouTubeアプリ利用は不活発なままに

図8-5を上から見ていくが、「通知」からは「2本目以降推奨」（β = -.08）と「キーワード検索」（β = -.08）へと破線矢印がある。βはいずれも負なので、「通知」利用していた人たちは、「通知」を利用していなかった人たちに比べて「2本目以降推奨」と「キーワード検索」を利用しなくなるという因果が推定された。もちろん「通知」の継続利用という因果も推定された。

「通知」の利用頻度が高いとアプリ視聴分数が有意に短いことは第1節

でも確認した。また「YouTubeアプリ受動的利用者」群は「通知」の利用頻度が全体平均よりも高く、それが「受動的」と命名した理由の1つでもあった。「キーワード検索」は多くの人が使う機能であるし、「2本目以降推奨」は視聴本数が増えることに直結する機能だが、それらと負の関係を持ったことから、「通知」利用の頻度の高さはYouTubeアプリ利用を不活発なままにする因果を持つと言えよう。

「ホーム画面」と「2本目以降推奨」は関係が非常に深い

第1調査の「ホーム画面」からは第2調査の「2本目以降推奨」（β =.16）へとβが正の矢印があり、「ホーム画面」を利用していた人たちは、「ホーム画面」を利用していなかった人たちに比べて「2本目以降推奨」をよく利用するようになるという因果が推定された。

「ホーム画面」も「2本目以降推奨」も動画推奨アルゴリズムが働いており、その利用を好む人たちがいるということなのだろう。少なくとも「キーワード検索＋推奨アルゴリズム」クラスターはそれにあたる。しかもβの絶対値0.16は斜めの右向き矢印の中で、「2本目以降推奨」から「ホーム画面」へと伸びる矢印の0.25に次いで大きく、両者の関係は深い。

また「ホーム画面」から「探索」（β = -.08）へはβが負の矢印があり、「ホーム画面」を利用していた人たちは、「ホーム画面」を利用していなかった人たちに比べて「探索」を利用しなくなるという因果が推定された。

以上の点は、「ホーム画面」と「2本目以降推奨」は補完関係にあり、「ホーム画面」と「探索」は代替関係にあるということだが、この点は次章で触れる。

「2本目以降推奨」を使うと複数のアーキテクチャ利用頻度が上昇する

第1調査の「2本目以降推奨」からは第2調査の「探索」（β =.10）、「ホーム画面」(β =.25)、「キーワード検索」(β =.15) にβが正の矢印があった。すなわち「2本目以降推奨」を利用していた人たちは、「2本目以降推奨」を利用していなかった人たちに比べて「探索」「ホーム画面」「キーワード検索」をよく利用するようになるという因果が見られた。

この3つのアーキテクチャに加えて、第2調査の「2本目以降推奨」にもβが正である矢印が伸びているが、第1調査から4本のβが正の矢印が出ているのは「2本目以降推奨」だけである。つまりこのアーキテクチャは多くのアーキテクチャの利用頻度を時間とともに上げる効果を持つ。

「2本目以降推奨」によっておすすめ動画を視聴することが、(1) 非常に能動的な行動である「キーワード検索」、(2) 能動的なブラウジングである「探索」、(3) 推奨に従う受動的なブラウジングである「ホーム画面」の3つへと正の因果関係を持つことの意味は大きい。なぜならば、タイプの異なる3つのアーキテクチャの利用を「2本目以降推奨」がもたらすからである。なかでも本章冒頭で確認したように、「ホーム画面」はその利用頻度が高いとアプリの視聴時間が長い傾向があったので、「2本目以降推奨」の利用が因果をもって「ホーム画面」の利用頻度の上昇につながることは、その先の視聴時間の増加へとつながる可能性が高い。

「登録チャンネル」の更新動画は「通知」から知ることが多くなる?

第1調査の「登録チャンネル」からは第2調査の「通知」(β =.12) と「ライブラリ」(β =.07) にβが正の斜めの矢印が伸びている。つまり「登録チャンネル」を利用していた人たちは、「登録チャンネル」を利用していなかった人たちに比べて「通知」と「ライブラリ」をよく利用するようになるという因果関係が考えられる。

「登録チャンネル」が「通知」に正の有意な効果を持つことの解釈には大きく2つが考えられる。第一は、登録チャンネル数が増えていくと

「登録チャンネル」画面をスクロール／スワイプして意中の動画にたどり着くことが困難、つまりたくさんの中から見つけにくくなっていくからではないか、というものだ。ただしすでに述べたように第1調査から第2調査で登録チャンネル数が増えているわけではなかった。

そこで第二の解釈が出てくる。それはチャンネル登録数の多さはさほど関係なく、「登録チャンネル」の画面からよりも「通知」を使って更新動画にたどり着く方が楽であるという、利用者が経験的に得た知恵が働いているというものだ。

「通知」画面では「登録チャンネル」画面で動画のサムネイルが画面の横幅いっぱいに並ばずに、画面左に登録チャンネル名がテキストで表示される（図9-2)。つまりチャンネル名が認識しやすい。そしてその動画サムネイルをタップすれば、意中の動画が再生される。

実は「通知」で送られてくる当該チャンネルの更新情報はすべての更新動画についてではないので、サムネイルをタップして再生される動画が意中の動画そのものではないことはありうるが、少なくとも意中のチャンネルにまでは簡単に移動でき、後はそのチャンネルの中で比較的新しい動画を探せば意中の動画にたどり着くことができる。この方法の方が、少なくとも前に述べた「登録チャンネル」の画面から意中の動画を探す方法よりも楽なのではないかというのが第二の解釈である。

2020年には「登録チャンネル」に偏って、しかも「キーワード検索」よりも高い頻度で使う「登録チャンネル」群が存在したが、2021年にはそのクラスターが存在しなくなったという理由の1つは、ここに書いた「登録チャンネル」画面からの意中の動画の見つけにくさと「通知」経由での見つけやすさにもあるように筆者らは考えている。

5 まとめ

本章ではパネル調査のデータを用いて、動画ジャンル5因子同士とアーキテクチャ7因子同士の因果関係についての分析結果を解釈とともに示してきた。その主なメッセージは以下のとおりである。

- 1時点のデータを用いた重回帰分析の結果、「ホーム画面」あるいは「登録チャンネル」をよく利用する場合にYouTubeアプリ視聴分数が長い傾向があった。逆に「通知」をよく利用する人ほどアプリ視聴分数が短い傾向にあった。また「サブカル系UGC」をよく視聴する人はアプリ視聴分数が長い傾向にあった。
- 因果関係を推定したモデルで視聴する動画ジャンルの変化を見ると、「エンタメとソフトニュース」を視聴していた人は時間とともに「学びと社会情報」あるいは「サブカル系UGC」へと視聴ジャンルを広げていく傾向があった。これが1つのスマホYouTubeにハマっていくパターンである。これは「テレビ的コンテンツ」から細分化されたコンテンツへというパターンである。
- 「消費・生活系UGC」と「音楽」は他の動画ジャンルと関わりを持たなかった。この2ジャンルはそのジャンルだけが視聴され続ける傾向を持ち、YouTubeアプリ内においては利用者にとって「独立の閉じた世界」を形成していた。この多様なコンテンツが存在するジャンル内に留まるというのも1つのスマホYouTubeにハマっていくパターンだと考えられる。
- 「ホーム画面」と「2本目以降推奨」は関係が深かった。つまり「ホーム画面」を利用していた人たちは「2本目以降推奨」をよく利用するようになり、また逆の関係もあり、この2つのアーキテクチャの組合せは、アーキテクチャによってスマホYouTubeにハマっていくパターンである。

では動画ジャンル視聴頻度とアーキテクチャ利用頻度の因果関係を次の章で見ていくことにしよう。

1 YouTubeアプリの視聴分数は右に裾の長い分布であるため対数変換した変数を用いた。

2 性別は男性を0、女性を1とするダミー変数を用い、年齢と教育年数は単純な年数、データ通信容量は「1:定額の契約にしていない」から「7:定額の上限は30GB以上（上限なしも含む）」の7段階の数値を利用した。

3 実際のパネル調査の方法や概要は付録を参照して欲しい。

4 パネル第2調査回答者の性年代別詳細は付録に示した。パネル第1調査からの15～19歳、20～24歳の若年層での離脱率が高く、第2調査では全体に占める40歳以上の回答者の割合が37.8%と高くなった。

5 この分析手法は、SEM（Structural Equation Modeling）、日本語では「構造方程式モデリング」と呼ばれ、統計分析ソフトを用いると個別の因子間の因果関係の推定がなされる。本書での分析には、Stata/MP 15.1 for Macを用いた。

6 CFI = 1.000, RMSEA = 0.000となった。

7 注意して欲しいのは、この結果が、同一人物が「学びと社会情報」と「サブカル系UGC」の両方のジャンルの視聴頻度を上げていくことを示しているわけではないことである。「学びと社会情報」と「サブカル系UGC」の視聴頻度の相関係数は0.66と高いが、両ジャンルを見る人もいるだろうし、片方だけしか視聴しない人もいるからである。

8 第1調査での得点平均は3.82点、第2調査では3.79点で、後者の方が小さかった。なお登録チャンネル数の得点3点は「6～10」、4点は「11～15」である。ウィルコクソンの符号付き順位和検定の結果、第1調査と第2調査の平均値に有意差はなかった（$Z = 0.16$, $p = 0.874$）。この結果はN=442において30代と40代の占める割合が高いためかと考え、40歳未満と30歳未満に限った検定も行ったところ、どちらの場合でも平均値は第2調査の方が大きくなったが有意差はなかった。

9 ただしチャンネルを登録し、同時にチャンネルを解除して登録チャンネル数を一定に保ちながら違うチャンネルを視聴するというパターンもあり得る。

第**9**章

スマホYouTubeにハマっていく——パターン2

アーキテクチャで動画ジャンルの視聴頻度は上がるか？

ではスマホYouTubeにハマっていくパターンを明らかにする作業の後半へと進んでいこう。

前章では動画ジャンル同士の視聴頻度の因果関係、そしてアーキテクチャ同士の利用頻度の因果関係を探り、いくつかのスマホYouTubeにハマっていくパターンを描写した。

本章では、動画ジャンルAを視聴していることによってアーキテクチャXをよく使うようになっていき、その結果同じ動画ジャンルAの視聴頻度が上がっていくとか、動画ジャンルBを視聴していることによってアーキテクチャYをよく使うようになっていき、その結果これまでとは違う動画ジャンルCの視聴頻度が上がっていくというパターンを探っていく。つまり動画ジャンルの視聴頻度に対して影響力を持つアーキテクチャを探っていく。

これが第2節の内容となるが、その前の第1節では、アーキテクチャ間の補完関係と代替関係から5つのアーキテクチャの性格を考察して、理解していく。

1　アーキテクチャの性格を2つのアーキテクチャ間の関係から考える

前章の最後で明らかにしたアーキテクチャ同士の利用頻度の因果関係についての複数の結果をつなぎ合わせていくと、2つのアーキテクチャ間に見られる以下の関係が浮かび上がってくる。

1. 「ホーム画面」と「2本目以降推奨」は補完関係にある
2. 「キーワード検索」と「通知」は代替関係にある
3. 「ホーム画面」と「探索」は代替関係にある

はじめに補完関係と代替関係ということばを説明しておこう。

補完関係：一方を利用することでもう一方の利用頻度も上がっていく

関係[1]。互いの機能を補い、強化し合う関係であり、2つで1つの機能を形づくっているとも言える。その結果2つの機能は正のループを形成し、2つの利用頻度は（ある程度までは）継続的に上がっていくと考えられる。

代替関係：一方を利用することでもう一方の利用頻度が下がっていく関係。あるいは一方を利用しなくなることでもう一方の利用頻度が上がっていく関係。つまり一方がもう一方を置き換えていく関係であり、時間とともに2つの機能を同時に使うことが難しくなっていくと考えられる。

「ホーム画面」と「2本目以降推奨」の補完関係

まず「ホーム画面」と「2本目以降推奨」の補完関係から始めよう。次頁の図9-1は第8章で示した図8-5の再掲であるが、確認して欲しいのは、第1調査の「ホーム画面」から第2調査の「2本目以降推奨」へとβが正の実線矢印（β＝.16）が伸びていることと、第1調査の「2本目以降推奨」から第2調査の「ホーム画面」へとβが正の実線矢印（β=.25）が伸びていることの2点だ。

つまり「ホーム画面」を使っていると「2本目以降推奨」をよく使うようになる因果があり、「2本目以降推奨」を使っていると「ホーム画面」をよく使うようになる因果がある。すなわち互いを強化する補完関係である。しかもβの絶対値である0.25と0.16は図9-1の斜めの矢印の中で最大と第2位の大きさなので、非常に強い補完関係にある。

では、「ホーム画面」と「2本目以降推奨」は似たような性格を持つ機能なのか、それとも異なる性格を持つ機能なのだろうか。そのことから両者が補完関係を持つ理由を探っていこう。

動画推奨アルゴリズムが働いている点では両者は同じである。けれども「ホーム画面」は1本目の動画を視聴する時にも2本目以降の動画を視聴する時にも利用できるアーキテクチャであるのに対して、「2本目以降推奨」は2本目以降の動画を視聴する時にしか利用できないという違いがある。

以上を踏まえると、動画推奨アルゴリズムを好み、ある程度受動的な態度で動画の選択・視聴を行う場合に2つの機能が実質的に1つの機能として利用されるようになっていくと解釈できる。具体的には、「ホーム画面」から視聴を開始し、2本目以降では「ホーム画面」も当然使うが、「2本目以降推奨」を利用して推奨された動画を視聴していくスタイルである。このスタイルが一定時間の利用を経ることで生まれていくと考えるのが妥当と思われる。

2021年第1調査での「ホーム画面」と「2本目以降推奨」の2因子の相関係数は0.67と非常に高く（第3章第2節）、ある1時点で一緒に使われ

図9-1 7アーキテクチャ間の因果推定結果

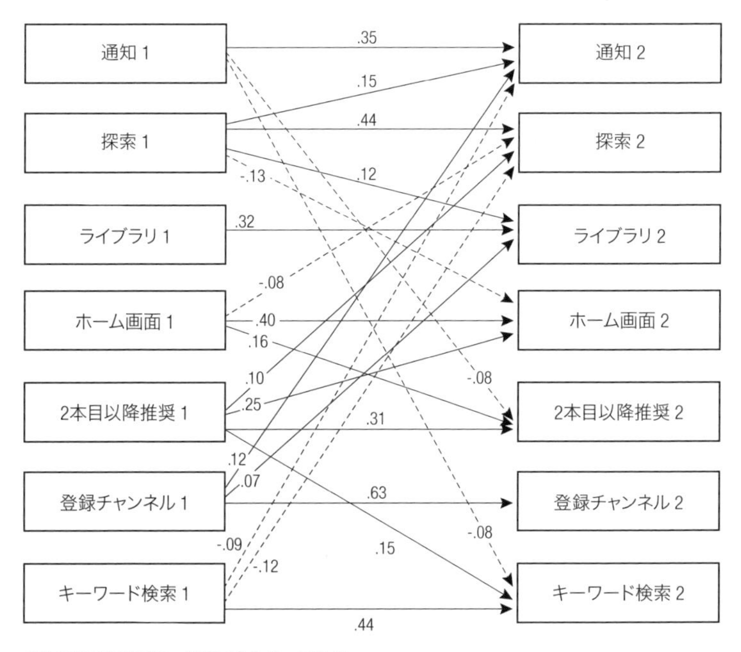

βは矢印が実線で正、破線で負となっている

ることの多いアーキテクチャであることが示されていたが、この結果はこの視聴スタイルが生まれていった後の状態を示しているのだろう。そして「ホーム画面」はアプリ起動時の画面なので、このスタイルは習慣化されやすいはずである。

さらに「ホーム画面」の利用頻度が高いと、YouTubeアプリの視聴分数が長いという関係も第8章第1節で確認されている。つまり「ホーム画面」→「2本目以降推奨」→「ホーム画面」という正のループはYouTubeのKPIと収益から見れば、利用者に大いに根づかせるべきものと位置づけられる。別の言い方をすれば、典型的でかつ事業者側にとっても非常にありがたいスマホYouTubeにハマっていくパターンである。

「キーワード検索」と「通知」の代替関係

図9-1では、第1調査の「キーワード検索」から第2調査の「通知」へとβが負の破線矢印（β = -.09）が伸びており、第1調査の「通知」から第2調査の「キーワード検索」へとβが負の破線矢印（β = -.08）が伸びている。つまり「キーワード検索」を使っていると「通知」をだんだんと使わなくなる因果、そして「通知」を使わないでいると「キーワード検索」をよく使うようになる因果が推定されている。すなわちアプリを使っているうちに両方を使い続けるのが難しくなる代替関係が両者にはある。

先ほどと同じように「キーワード検索」と「通知」は似たような性格を持つ機能なのか、それとも異なる性格を持つ機能なのかを考えてみると、両者に似た部分は乏しく、両者は異なる性格を持っていると結論づけられる。以下に説明しよう。

まず「通知」と「キーワード検索」の画面のデザイン・構成（UI）の違いを確認すると、「通知」（ホーム画面上部のベルのアイコンをタップした直後）の画面では、次頁の図9-2のように動画サムネイルはスマホ画面ヨコ幅いっぱいには現れない。動画サムネイルがスマホ画面ヨコ幅いっぱいに現れる「キーワード検索」後の画面との違いは一目瞭然で、しかも登録チャンネルの更新動画通知[2]の場合はチャンネル名が、おすすめ動画の場合は「おすすめ」と画面左にテキストで表示される。

このため自分が今「通知」の画面にいることは利用者にわかりやすい。さらに「キーワード検索」の結果は内容的にかなり絞り込まれるし、何よりも何かを探している状態なので、「今、自分はキーワード検索をしている」という意識は高いだろう。つまり今自分がどちらの機能を使っているのかに関しては、「キーワード検索」と「通知」に限ればわかりやすい。この「今、何を自分が使っているか」という意識の高さは重要である。

また機能の性格も「通知」は主に利用者の受動性に応える機能で、「キーワード検索」の利用者の能動性を要求する性格と対照的である。「通知」に動画リストが表示されるためには利用者は「通知」をオンに

図9-2 YouTubeスマホアプリの「通知」画面

筆者撮影

しないといけないし、通知されるチャンネルを事前に登録しないといけない。ただし一度チャンネルを自分で登録すれば、自動的に登録チャンネルの更新動画情報を得られる。一方、「キーワード検索」は毎回利用者が何かしらのキーワードを入力する必要がある。

ここで振り返っておく必要があるのは、「キーワード検索」は最も使われる機能で、2021年は4点満点で3.20点という高さであったことと(68頁の図3-6)、他機能の利用頻度との相関係数が低く、「通知」との相関係数は-0.11と負であったことだ(70頁の表3-2)。つまりある1時点で見て、「キーワード検索」をよく使っていると「通知」は使わない傾向があるのだが、これは上で述べたような利用者の受動性と能動性に応えるという決定的に異なる性格ゆえに両者に代替関係が生じ、その結果である1時点のデータで見て負の相関があるということなのだろう。

さてここまで「キーワード検索」と「通知」が持つ性格の違いを書いてきた。そしてその前には、利用者が2つの機能のどちらを自分が使っているかにも意識的であることが多いだろうとも述べた。だとすれば、YouTubeアプリ利用者は2つのアーキテクチャの両方を使っても良さそうなものである。しかしなぜそうならずに両者は代替関係を持つのだろうか。

それについてはYouTubeへの接し方、関与の程度がこの2つの機能を利用する場合では決定的に異なっており、それぞれに対応した両方の機能を使い続けるのは難しくなっていくからというのが筆者らの考えである。

単純化して言えば、「通知」をよく利用する人は視聴するものがおおむね決まっていて、「通知されれば視聴する」程度の習慣も持っているのだろう。一方「キーワード検索」を2本目以降でもよく利用するような人は視聴するものが決まっているわけではなく、視聴の習慣化の程度は低いだろう。つまりどこかで知ったことをYouTubeアプリで都度調べて視聴するスタイルということだ。「キーワード検索のみ」というクラスターはその典型で、YouTubeアプリ利用の習慣化の程度も低く、それゆえアプリ視聴分数が短い部類になっているのだろう。「キーワード検索」だけを使い続けることは、スマホYouTubeにハマっていかない利用行動とも言える。

「ホーム画面」と「探索」の代替関係

最後に「ホーム画面」と「探索」の代替関係について考えよう。図9-1では、第1調査の「ホーム画面」から第2調査の「探索」へとβが負の破線矢印（β = -.08）が伸びており[3]、第1調査の「探索」から第2調査の「ホーム画面」へとβが負の破線矢印（β = -.13）が伸びている。つまり両者は代替関係にある。

ここでも「ホーム画面」と「探索」の性格の類似性と差異性から考えてみよう。似た点としては、いずれでもタテにスワイプしていくスマホ画面にヨコ幅をいっぱいにとった動画のサムネイルが順に現れ、それら

図9-3 YouTubeスマホアプリの「探索」画面

筆者撮影

から視聴する動画を利用者が選択していく点である。これはUIの類似性で、いずれも「ストリーム」と呼ばれる画面となっている。

けれども機能の持つ意味では両者は異質である。なぜならば「ホーム画面」には動画推奨アルゴリズムが機能することによってパーソナライズされた動画が並び、「探索」で並ぶ動画は恐らくパーソナライゼーションはされておらず、少なくともその程度は低いからである。

ホーム画面の「探索」アイコンをタップすると次の画面では、図9-3のように上部に7カテゴリー[4]が現れる。そこでのデフォルトは「急上昇」(直近数時間の間によく視聴されている動画)であるが、他のカテゴリーでも一定数の利用者が視聴している動画が並んでいる。したがって「探索」を「世の中の話題」[5]を知ろうとして利用している者もいるだろう。実際のところ「探索」との相関関係が最も高かった動画ジャンルは「エンタメとソフトニュース」(r =0.45)であったが(表8-1)、このジャンルが「テレビ的コンテンツ」に近いことは既述のとおりで、この相関関係の高さもここでの主張を傍証している。

つまりそれぞれの機能を用いることで視聴可能な動画は、個人的関心に近い動画と一定の社会性を帯びた動画という違いがある。また「探索」は上に述べたように時間で区切られた人気動画を選んだものなので、利用者が過去に見た動画が現れることは極めてまれだが、「ホーム画面」のおすすめには過去に視聴した動画が現れることがしばしばある。

この個人性と社会性といった違いは利用者の行動面の違いにも関係する。「探索」は階層構造で分類されたウェブページをカテゴリーにしたがって見つけていくディレクトリ型のサービス[6]と近いもので、特にデフォルト表示の「急上昇」以外ではカテゴリーを選択して最終的な視聴動画を選択するまでの行動には能動的関与がある程度は必要となる。他方「ホーム画面」の場合、最上部にカテゴリーは表示されるものの、それに頼らずに下に画面を見ていくだけでおすすめ動画を視聴することができる。以上のような違いがあるため、表3-2の「ホーム画面」と「探索」の相関係数が0.23でやや低いというデータは、やはり代替関係の結果に生じたものと解釈して良いだろう。

ここまで「ホーム画面」と「探索」の性格と利用者行動の違いを書いてきたが、それでいて両者のUIが似ているのであれば、2つのアーキテクチャの両方を使い分けて利用し続けても良さそうなものである。しかしなぜそうならずに両者は代替関係を持つのかという疑問が生じる。

それについては、この2つの機能を使う利用者ではYouTubeで求めている動画の性格が異なっており、それぞれに対応した両方の機能を使い続けるのは難しくなっていくからというのが筆者らの考えである。

これは「キーワード検索」と「通知」の代替関係で述べたことと基本的に同じことだが、とはいえ視聴するものがおおむね決まっている人の使う「通知」とYouTubeアプリで都度調べて視聴する人が使う「キーワード検索」までの違いを、「ホーム画面」と「探索」の両者には利用者は感じていないだろうという感触も筆者らは同時に持っている。データでも「キーワード検索」と「通知」との相関係数は-0.11と負であるのに対して、「ホーム画面」と「探索」の相関係数は0.23と正である。

そしてその2つの代替関係の程度の差を理解する時に出てくるキーワードが、スマホアプリに起こりがちな「1画面1機能」という制約である。引き続き説明していこう。

小画面で動くアプリが抱える「1画面1機能」という制約が生むもの

スマホアプリに起こりがちな「1画面1機能」とは、スマートフォンの画面が小さいために当該の画面で提供できるアプリの機能が1つのみになってしまうことだ。「同時に」2つの機能を使えない、あるいは機能を行ったり来たりするための画面移動が多く「面倒」になると言っても良いだろう。これはプログラマーとデザイナーに与えられたスマホアプリ開発時に課された制約で、実用的なものとして書けるプログラムコードをかなり限定的にしている。またその結果、異なる性格を持つ機能であっても「ホーム画面」と「探索」のようにスマホアプリにおいてはUIが似通っていく場合が多くならざるを得ない。

利用者からすれば、異なる機能でも似たUIを持ってしまうことは、今どの機能を使っているかがわかりにくい、あるいは忘れてしまうという事態を誘発する。これが利用者から見た制約である。

画面の大きなPCでウェブブラウザを用いてYouTubeを視聴すれば、図2-1に示したように「ホーム画面」ではタテにもヨコにも並ぶ多数の動画サムネイルがその時点では見え、様々な機能が左のサイドバーに現れる。サイドバーからある機能を選んで動画を視聴するが、ここで話題にしている「探索」を選ぶと図9-4の画面となり、そのUIは「ホーム画面」とは異なる。これはスマホアプリにはない特徴だ。

スマホアプリの場合と同様に、ブラウザでの利用でも画面の下方に移動すると、画面上部に示されていたカテゴリー[7]の表示は見えなくなる。けれども図9-4の下方に続くブラウザでの「探索」画面では小さな動画

図9-4 PC＋ブラウザでのYouTube利用時の「探索」画面

筆者撮影

サムネイルとそれを説明するテキストがタテ一列に並び、大きめの動画サムネイルがタテにもヨコにも並ぶ「ホーム画面」との差は明らかである。

もちろんある動画を視聴し始めて、仮にフルスクリーン表示で視聴すれば、他の情報はブラウザの場合でも画面から消えるので、今どこに自分がいるかは忘れられることも多いだろう。フルスクリーン表示でなくとも動画視聴時は他の機能を示すサイドバーは消えて、目に入る最も大きな要素は関連動画のリストになるので、以降は「2本目以降推奨」のアーキテクチャ利用が高まるのだろう。第3章で見たとおりである。

けれどもPC＋ブラウザでのYouTube利用の場合、「今、自分がどこにいるか。どの機能を使っているか」がわかる場面がスマホアプリよりは多いということは言って良いはずだ。そしてそのことはPC＋ブラウザでの利用の方がアーキテクチャによる人間に対するコントロールの程度は低いということだし、利用者がどこにいるかをわからせることは人間中心のウェブデザインを考える上での教科書的な要因でもある[8]。

つまりスマホアプリの場合、利用者がアーキテクチャによってコントロールされる程度が高いため、「キーワード検索」と「通知」ほどの決定的な性格の差がない「ホーム画面」と「探索」の場合でも、現象としてはその一方しか使われなくなっていくという同じことが起きてしまっているというのが筆者らの解釈だ。

理論的に整理すると、小画面上で作動するゆえにスマホアプリでは起きやすい1画面1機能という条件、そして性格が異なる機能であってもUIが酷似しているという条件の2つが重なれば、人の行動は大いに規制・制御されうるということだ[9]。より簡潔に言えば、UI面での制約があるためにスマホアプリでは人は限られた機能しか使わなくなっていくということだ。

スマホアプリでは限られた機能だけを人は使うようになっていくということは第3章のデータからも傍証される。2020年のアーキテクチャ全体の利用頻度（2.52点）に比べて、2021年のアーキテクチャ全体の利用頻度（2.60点）は高くなっていたが、同時にアーキテクチャ7因子間の相関係数が全般的に低くなっていた。すなわちアーキテクチャAとアーキテクチャBを組み合わせて一緒に使う傾向が薄れ、アーキテクチャAを使ってもアーキテクチャBと一緒に使う人と使わない人がいるようになったという変化を1年で見せたからである。

2　動画ジャンル間の因果関係を媒介するアーキテクチャは？

前節では、「ホーム画面」と「2本目以降推奨」の補完関係、「キーワード検索」と「通知」ならびに「ホーム画面」と「探索」の代替関係を記した。読者はYouTubeスマホアプリのアーキテクチャに対する理解、そして小画面で作動するアプリが本来的に持つ性質への理解がかなり深まってきたのではないだろうか。

そこで最後の節では、動画ジャンルからアーキテクチャへの因果関係とアーキテクチャから動画ジャンルへの因果関係を1つの流れとして捉えた分析の結果を示す。これこそがスマホYouTubeアプリにハマっていくパターンを明らかにすることの最終ゴールとなるが、このことに関するイントロダクションでも述べた筆者らの考え方を再度示しておこう。

筆者らは、YouTubeアプリ利用者にはある内容や動画ジャンルを視聴したいという動機と行動がまずあり、そのために用意された機能（アーキテクチャ）を使っていくという順番が自然だと考えている。別の言い方をすれば、ある機能を使いたいから視聴を始めるわけではないということだ。けれどもある動画ジャンルをYouTubeアプリで視聴するなかで、あるアーキテクチャをよく使うようになり、あるいは使い慣れるようになり、そのアークテクチャによって行動を制御され、同一動画ジャンルの視聴頻度が上昇していったり、他の動画ジャンルを視聴するようになっていったりすることもあるだろうと考えている。

このような考え方にしたがえば、動画ジャンル間の因果関係を媒介す

図9-5 動画ジャンル5因子＋アーキテクチャ 7印の合計12因子の交差遅延効果モデル（示されている矢印の変数間のみに有意な関係がある）

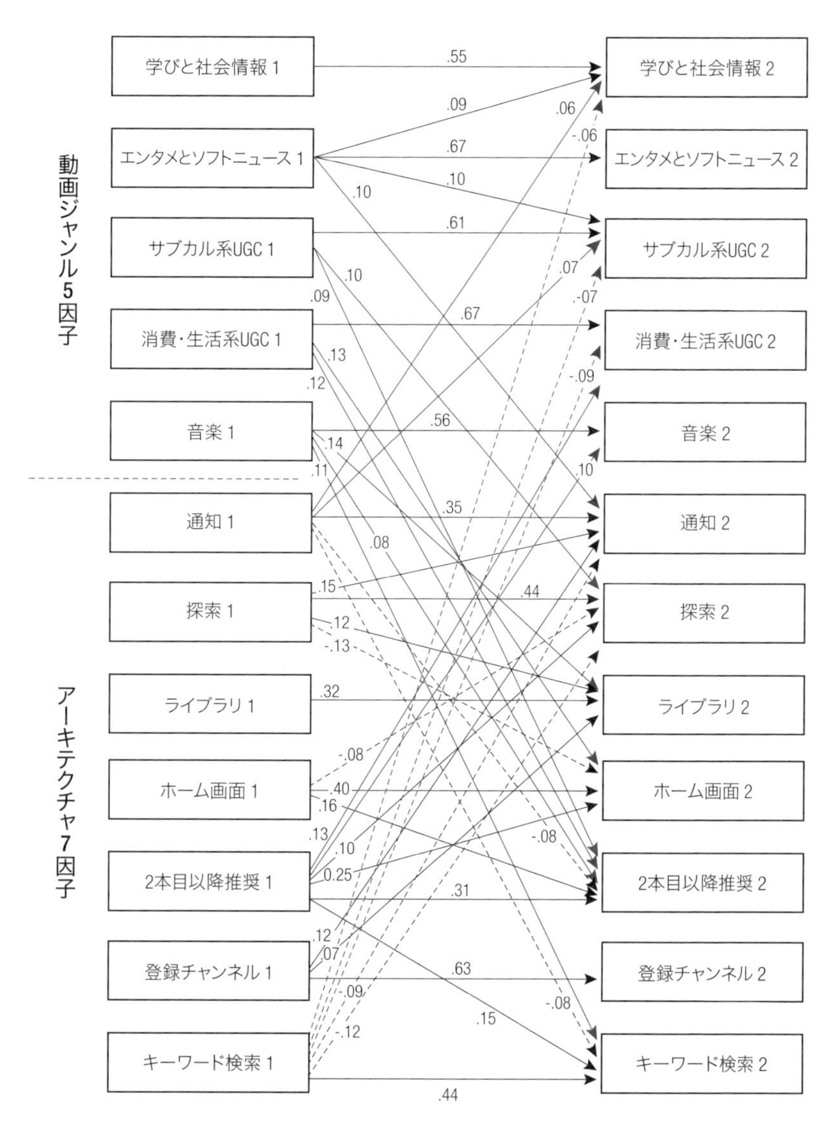

βは矢印が実線で正、破線で負となっている。赤色の矢印は動画ジャンル因子からアーキテクチャ因子への矢印もしくはアーキテクチャ因子から動画ジャンル因子への矢印を示している。

る（間をとりもつ）アーキテクチャを探ることが必要になる。そしてそれには12因子×12因子を示した図9-5を見て行くことが必要になる。なおこの図での赤色矢印は以下で主にとり上げる動画ジャンル因子からアーキテクチャ因子へのもの、もしくはアーキテクチャ因子から動画ジャンル因子へのものを示している。

「通知」は視聴ジャンルの幅を広げるアーキテクチャ

第8章で分析した動画ジャンル5因子間の因果関係を振り返ると、他ジャンルの視聴をもたらすものとしては、「エンタメとソフトニュース」から「学びと社会情報」へのβが正の矢印（β=.09）と「エンタメとソフトニュース」から「サブカル系UGC」へのβが正の矢印（β=.10）とがあった。

だとすれば次なる問いは「エンタメとソフトニュース」から「学びと社会情報」の間に、また「エンタメとソフトニュース」から「サブカル系UGC」の間に、特定のアーキテクチャがはさまっているのか、となる。具体的には、「エンタメとソフトニュース」からアーキテクチャXへ伸びるβが正の赤色実線矢印があり、かつアーキテクチャXから「学びと社会情報」へ伸びるβが正の赤色実線矢印があるかを検討することである。

すると次の2パターンが存在した。

「エンタメとソフトニュース」→「通知」→「学びと社会情報」
「エンタメとソフトニュース」→「通知」→「サブカル系UGC」

「エンタメとソフトニュース」から「通知」への赤色矢印と「通知」から上の2ジャンルへ出て行く赤色矢印のβはいずれも正なので、「エンタメとソフトニュース」を見ている人は、見ていない人に比べて「通知」をよく使うようになり、「通知」を使うことで「学びと社会情報」をよく視聴するようになるという因果関係が推定される。同じように、

「エンタメとソフトニュース」を見ている人は、見ていない人に比べて「通知」をよく使うようになり、「通知」を使うことで「サブカル系UGC」をよく視聴するようになるという因果関係が推定されている。

つまり視聴する動画ジャンルの幅を広げていく機能を「通知」は担っていることになり、それ以外に視聴する動画ジャンルの幅を広げていくアーキテクチャはなかった。

「通知」の機能は登録チャンネルの更新動画を知らせる機能と視聴履歴に基づくおすすめ動画を知らせる機能との2つである。このうち動画ジャンルの幅を広げていく機能を担うとすれば、主に後者であろう。つまり動画ジャンルを幅広く視聴することが望ましいと考えるのであれば、「通知」は望ましい機能であり、おすすめ動画を知らせる動画推奨アルゴリズムのロジック（計算式）は重要になる。しかし、「通知」をよく使うとYouTubeスマホアプリの視聴時間は短いという傾向が第8章第1節で示されていたので、運営側のKPIの観点からは望ましいとは言えない機能でもある。

さて、ここで「通知」が正の媒介機能を果たしていたのが、「エンタメとソフトニュース」と「学びと社会情報」、「エンタメとソフトニュース」と「サブカル系UGC」の2組だけであったことも考えなくてはいけない。すでに述べたが、簡潔に言えば「エンタメとソフトニュース」はテレビ的コンテンツで、「学びと社会情報」と「サブカル系UGC」はいずれも内容が細分化された多様なUGCコンテンツが多い。つまりマスメディアで提供されるコンテンツからニッチメディアで提供されるコンテンツという向きの因果しか見られず、その逆はなかったわけである。

YouTubeでニュース、特に政治的意思決定に役割を果たすハードニュースが将来に見られるようになっていくのかは興味深い論点であり、仮にYouTubeがマスメディアとしてのテレビの代替となるとすれば、YouTubeでハードニュースが見られるようになることが望ましいことになる。

この点について、「エンタメとソフトニュース」というテレビ的コンテンツから「通知」を介して「学びと社会情報」へと視聴動画ジャンルが広がったことは望ましいことと一見思えるが、少し慎重になる必要がある。というのは、「社会情報」ということばが入っているものの、「学びと社会情報」因子を構成する7項目のうち、ハードニュースにあたる「政治・経済・社会のニュース・報道・ドキュメンタリー」の視聴頻度の平均値は1.81点で、7項目中6位であったからである（第4章第1節）。

念のためにジャンル全体での視聴頻度を示すと、2021年の「学びと社会情報」因子は5因子中最も視聴頻度の平均値が低く、4点満点で1.98点であった。つまり時間が経過すると「エンタメとソフトニュース」から「学びと社会情報」がジャンルとして広がり視聴されるようになっていくことはデータから見られたものの、「学びと社会情報」は5ジャンル中最低の視聴頻度であり、ことハードニュースに限れば同ジャンルの中でも視聴頻度の低い内容であるということだ。2021年のデータを見る限り、「エンタメとソフトニュース」からYouTubeの中で多くの人がハードニュースを見るようになっていくわけではない。

まとめると、現行のYouTubeの動画推奨アルゴリズムを一部に含む「通知」は視聴ジャンルを広げる役割を果たしていて、それがスマホYouTubeにハマっていく1つの（細かくは2つの）パターンであった。ただし現行の動画推奨アルゴリズムを利用した「通知」では、テレビ的コンテンツから細分化された多様な内容を持つジャンルへという向きでのジャンルの広がりで、それは「多くの人が見るべき情報」からは逆に遠ざかっていくタイプのジャンルの広がりであった。

「2本目以降推奨」で「音楽」と「消費・生活系UGC」にハマっていく

次に同一動画ジャンルの視聴頻度を高めたり、低めたりするアーキテクチャを探してみよう。つまりそのジャンルにハマっていく時に使うアーキテクチャがあるのかという観点だが、以下の2パターンがあった。[10]

「音楽」→「2本目以降推奨」→「音楽」
「消費・生活系UGC」→「2本目以降推奨」→「消費・生活系UGC」

「音楽」および「消費・生活系UGC」から「2本目以降推奨」へと入ってゆく赤色矢印と「2本目以降推奨」から2つの動画ジャンルへ出て行く赤色矢印のβはいずれも正なので、「音楽」を視聴する人は、視聴しない人に比べて「2本目以降推奨」をよく使うようになり、「2本目以降推奨」を使うことで「音楽」をよく視聴するようになるという因果関係がまず推定された。同じように、「消費・生活系UGC」を視聴する人は、視聴していない人に比べて「2本目以降推奨」をよく使うようになり、「2本目以降推奨」を使うことで「消費・生活系UGC」をよく視聴するようになるという因果関係が推定された。

思い出して欲しいのは、第8章第3節の結果において、「消費・生活系UGC」と「音楽」は他の動画ジャンルと関わりを持たず、そのジャンルだけが視聴され続ける傾向を持ち、YouTubeアプリ内においては利用者にとって「独立の閉じた世界」を形成していたことである（図8-4)。また「消費・生活系UGC志向」群と「音楽のみ（ライト)」群というその動画ジャンルに偏って視聴するクラスターも存在した。

さて、このうち「音楽」因子の視聴頻度は4点満点の2.52点と5ジャンル中で最も高い。そして内容として最も視聴頻度が高いのは「ミュージックビデオ（PVやMV)」で、これはUGCとは言いづらい。けれども音楽には多様なジャンルがあり、アーティスト数は極めて多く、細分化されたコンテンツが十分に揃っている動画ジャンルである。また視聴者の音楽を聞きたい「状況」(リラックス時のBGMなど）による分類によってYouTubeでは動画推奨が行われることも多いとされる[11]。つまり「状況」からも細分化が進んでいるのが「音楽」ジャンルである。

視聴頻度が2.09点で第2位の「消費・生活系UGC」を構成する内容も、

いずれもが「音楽」同様に下位の内容レベルに多くの分類を持つものであった。つまり「2本目以降推奨」は内容の細分化された主としてUGCである動画ジャンルの視聴頻度を上げていく機能であり、アーキテクチャを主語にして少しくだけて書けば、「2本目以降推奨」は利用者をスマホYouTubeに「ハメていく」存在である。

けれどもこのような細分化されたコンテンツが存在するジャンルであれば、「2本目以降推奨」を媒介してジャンルの視聴頻度が確実に上がっていくわけではない。なぜならば「学びと社会情報」「サブカル系UGC」も同様の傾向を持っているにもかかわらず、この2ジャンルについては「2本目以降推奨」が利用者を「ハメていく」ようには、今回のデータを見る限りでは、機能していなかったからである。したがって、今回の分析結果からは、細分化されたコンテンツを持っていることは、同一ジャンルの視聴頻度を「2本目以降推奨」を媒介にして上げていくことの必要条件でしかないと判断される。

ただしこの点については、「音楽」と「消費・生活系UGC」は5ジャンル中視聴頻度の高い2つだったので、視聴頻度の絶対的水準があれば、すなわち人気ゆえ動画の投稿本数も多く内容的にも多様さに富むことにより「2本目以降推奨」が機能して、利用者をYouTubeに「ハメていく」ということにやがてなるのかもしれない。つまり5因子中視聴頻度が3位で多様な内容の動画が揃う「サブカル系UGC」に対しても「2本目以降推奨」が利用者を「ハメていく」存在になるのは近い将来かもしれないが、この点は今後の研究に委ねるしかない。

また第8章第1節のアプリ視聴分数を目的変数とした重回帰分析では、「音楽」と「消費・生活系UGC」の視聴頻度の高いことが、アプリ視聴分数が長いという傾向を持つわけではなかった。したがってこの2ジャンルの視聴頻度が「2本目以降推奨」によって時間とともに上がるということでの結果が、視聴分数の増加へとつながるとは言い切れないことにも注意が必要だ。

3　まとめ

本章では、アーキテクチャ間の補完関係と代替関係から5つのアーキテクチャの性格を考察し、その上で動画ジャンルの視聴頻度の因果関係を媒介するアーキテクチャを特定してきた。以下がまとめとなる。

- 「ホーム画面」と「2本目以降推奨」は補完関係にあった。「ホーム画面」の利用頻度が高いと、YouTubeアプリの視聴分数が長いという関係もあり、「ホーム画面」→「2本目以降推奨」→「ホーム画面」という正のループはYouTubeのKPIと収益から見れば、利用者をYouTubeアプリにハメていく非常に重要なパターンである。
- 「キーワード検索」と「通知」は代替関係にあるが、この理由は2つの機能を利用する時の利用者の態度が能動性と受動性というように決定的に異なり、YouTubeアプリ利用時に両方の機能を使い続けるのは難しいからと考えられる。
- 「ホーム画面」と「探索」も代替関係にあった。2つの機能が持つ性格は「キーワード検索」と「通知」ほどはかけ離れていないが、小画面で作動するスマホアプリでは起きやすい「1画面1機能」という条件、そして性格が異なる機能であってもUIが酷似しているという条件の2つともを満たしているため、1つだけしか使われなくなっていくと考えられる。
- 「通知」は視聴ジャンルの幅を広げるアーキテクチャと言える。ただし現行の動画推奨アルゴリズムを利用した「通知」では、テレビ的コンテンツから細分化された多様な内容を持つジャンルへという向きでのジャンルの広がりしか生み出していなかった。
- 「音楽」を視聴していると「2本目以降推奨」で「音楽」を、「消費・生活系UGC」を視聴している場合も「2本目以降推奨」で「消費・生活系UGC」をより高い頻度で視聴するようになる因果が推定された。

そのジャンルだけに偏って視聴するクラスターの存在もあり、これらは典型的なスマホYouTubeにハマっていくパターンと言えよう。

分析結果の記述は以上である。そこで最後のパートでは第3章から第9章までの結果を振り返って本書の結論を示すとともに、この先のスマホアプリでのYouTube視聴行動などを展望してみよう。

---

1 一方を利用しなくなることでもう一方の利用頻度も下がる場合も補完関係だが、この種の補完関係はYouTubeアプリのアーキテクチャの組合せにはなかった。一般的にはそのような関係を持つ機能はニーズがないものとして取り除かれていくだろう。

2 登録チャンネル数が「0」という者は10.6%だった（N=786）ので、通知をオンに設定すれば9割の者には登録チャンネルの更新動画が知らされる。登録チャンネル数の最頻値は「1～5」の22.7%、ついで「6～10」の13.7%であった。

3 第1調査時点では「探索」は画面最下部にボタンがあったが、第2調査の実査期間中に「ショート」に代わり、「探索」は画面上部に移り、かつ一度画面をスワイプしないと表示されないバージョンに更新され始めた。このことが負のβ = -0.08に影響していることは否めない。ただし変更は調査途中で始まったはずなので、「ショート」が画面下に現れるバージョンのアプリを使っていたのは恐らく調査回答者の1～2割程度である。

4 調査時期の2021年7月では、「急上昇」「音楽」「ライブ」「ゲーム」「ニュース」「スポーツ」「学び」の7つ。

5 「世の中」といっても、Twitterでのリツイート（RT）が100万を超えることがまれであるように（ただし100万以上のフォロワーを持つアカウントがRTした場合はそれが可能）、非常に短時間に100万人が視聴する動画となることはまれであろう。数万から多くて数十万という規模だと考えられる。

6 「Yahoo!カテゴリ」では、カテゴリー別に人間がWebサイト／ページを選別・登録していたが、2018年3月でサービスを終了した。以降はYahoo!検索、Google検索に代表されるクローラーと呼ばれるシステムを用いて自動的にページを収集するタイプの検索サービスのみが残っている状況と言って良い。

7 ブラウザ版では、スマホ版の7カテゴリーに「映画と番組」が加わり8つとなる。そしてカテゴリーを選択すると、そこで現れる画面UIがカテゴリーごとに少しずつ異なっている。つまり自分が今どこのカテゴリーにいるかがわかりやすい。

8 黒須, 2013

9　ただし規則・制御されることによってYouTubeスマホアプリでの視聴時間が長くなるのか、あるいは短くなるのかはここでは問題にしていないし、不明である。

10　動画ジャンルからアーキテクチャへの赤色矢印のβはすべて正であった。つまりある動画ジャンルをよく見ていると使わなくなるアーキテクチャは存在しなかった。

11　Airoldi et al.（2016）

終章

動画推奨アルゴリズムと「発見」

最後のパートでは、まずイントロダクションと第2章で示した本研究の課題に対する9つの答えを示した後に、本書全体の結論を述べる。その後、スマートフォンでの動画視聴や推奨アルゴリズムに関連する展望を記すことにしよう。

研究課題への答え

1　スマホYouTubeにハマっているのはどのような人たちか？

アプリでの視聴時間から見ると、動画ジャンルクラスターでスマホYouTubeにハマっているのは、「全ジャンル高頻度」群と「消費・生活系UGC志向」群の2つであった。前者はスマホYouTubeで幅広い動画ジャンルを視聴するクラスターで、後者は「消費・生活系UGC」に偏って視聴するクラスターであった。

アーキテクチャクラスターでは、「情報熱中者」群と「キーワード検索＋推奨アルゴリズム」群の2つであった。「情報熱中者」群は動画ジャンルクラスターの「全ジャンル高頻度」群で多く出現するので、YouTubeアプリの多様なアーキテクチャを使いこなしながら幅広い動画ジャンルを視聴しているということになるだろう。

一方、「キーワード検索＋推奨アルゴリズム」群は特定の動画ジャンルクラスターとの強い連関は見られなかったので、このアーキテクチャの利用パターンは動画ジャンル問わず、利用時間を長くしていく可能性が示唆されるが、この点は後述する。

2　YouTubeアプリで視聴する動画ジャンルには利用者による差があるのか？

YouTubeアプリ利用者の全員が類似の動画ジャンル視聴パターンを持つわけではなかった。つまりYouTubeでは利用者によって視聴動画ジャンルには差があった。第4章において、2021年データから動画ジャンルクラスターが7つ作られたことがまずその理由である。また第5章で示したように、アーキテクチャ7クラスターという切り口でもクラスター別に動画ジャンルの視聴頻度には差があった。

これは実に多様な動画ジャンルと動画内容を提供しており、利用者の選択の幅が広い高選択メディアであるYouTubeでは十分起こりうることで、先行研究と整合する結果が得られた。

3　推奨アルゴリズムの利用で視聴する動画ジャンルは限定的になるのか？

YouTubeアプリの動画推奨アルゴリズムによって、アプリ利用者の視聴する動画ジャンルが限定的になる、あるいは偏るということはなかった。

なぜならば、アーキテクチャ7クラスターの男女比やアプリ視聴分数などを統制した「純粋な」アーキテクチャ利用パターンの差によっても、動画推奨アルゴリズムが直接的に機能する「ホーム画面」と「2本目以降推奨」を活発に利用する「情報熱中者」群と「YouTubeアプリ愛好者」群は、平均的な群に比べて幅広い動画ジャンルにおいて視聴頻度が高かったからである。第5章の表5-2に示したとおりである。

4　ハードニュースに触れないのはどのようなアーキテクチャを利用する場合か？

アーキテクチャ7クラスターのうち、平均的な群に比べて「学びと社会情報」に有意に触れていなかったのは「情報低関心者」群と「キーワード検索のみ」群であった（表5-2）。すなわち7つのアーキテクチャ利用の頻度が平均に比べて非常に低い群と、「キーワード検索」のみを平均に比べて頻度高く利用するものの他アーキテクチャは平均に比べて利用しない群であった。念を押すと、どちらの群も動画推奨アルゴリズムが機能する「ホーム画面」と「2本目以降推奨」の利用頻度は高くない。

ただし「学びと社会情報」ジャンルに含まれ、ハードニュースに該当する「政治・経済・社会のニュース・報道・ドキュメンタリー」という内容レベルで見ると、平均的なクラスターである「YouTubeアプリ受動的利用者」の1.82点（4点満点）という視聴頻度に比べて、「情報低関心者」群、「キーワード検索のみ」群のいずれも有意に低いわけではなかった。[1]

5　YouTubeアプリ利用における過多感への対処法はどのようなものか？

第6章で見たように、YouTubeアプリ利用者は、一定程度の情報にまつわる過多感を持っており、「低質コンテンツ過多感」という質にまつわるストレスをより強く感じていた。

情報の量と質にまつわる心理的ストレスを解消するためにアプリ利用者がとっていた対処法としては2つあり、限られたアーキテクチャ、特に「キーワード検索」のみを使うというのが第1のアプローチであった。そしてどちらかと言えば、こちらは「低質コンテンツ過多感」の解消に有効そうだということが示唆された。

第2のアプローチは、複数のアーキテクチャを利用するアプローチで、こちらは「情報・コンテンツ過多感」という情報の量にまつわるストレスを解消するのに有効そうだということが示唆された。

ただし上に2度「有効そうだということが示唆された」と書いたように、本書ではそれらの対処法が情報の量と質にまつわるストレスの低減に有効に機能しているかは明らかにしていない。その上でも一言添えると、「情報過多」という概念は単に情報量が多いというだけではなく、意味解釈の作業における心理的ストレスも含むので、「低質コンテンツ過多感」の低減も重要である。したがってそれが仮になされていないのだとすれば、「脳構造マクロモデル」で示したように、そもそも動画の量が多く、低質なノイズも多いYouTubeでは、注意を働かせながら動画内容を視聴した上での理解や判断がなされていないということが起きている可能性がある。

6　YouTubeでの視聴動画ジャンルとそれ以外での接触情報ジャンルは違うのか？

動画ジャンルクラスターの観点から第5章と第7章の結果を見ると、YouTubeでの視聴ジャンルとYouTube以外のネットサービスやアプリでの接触内容は似ていた。

テレビでの視聴ジャンルや番組内容についても、YouTubeでのそれとおおむね一致していたが、ネットサービスでの接触情報と比べると少し差があった。たとえば「キーワード検索のみ」群はテレビでは「ニュース・情報」を頻度高く視聴しているが、YouTubeではそうではなかった。またYouTubeで「音楽」を視聴する層がテレビの音楽番組を視聴しているわけではなく、YouTubeで「消費・生活系UGC」を視聴する層がテレビの「趣味・実用番組」を視聴しているわけではなかった。

したがってYouTubeは、今のところどちらかと言えば、テレビではなく他のウェブサービスやアプリの延長線上に位置づけられていると言って良いだろう。つまり求める情報ジャンルはクラスターごとに異なっていても、インターネットを利用しているYouTubeと他のネットサービスは、大きくは1つのまとまりとして利用者に認識されていると考えられる。一方、YouTubeとテレビについては、同じ動画が提供されるとしても、利用者にとっては前者が後者の延長線上に位置づけられている程度が、少なくとも現時点では低いのだろう。

以上から導かれる本書の大事な結論の1つは、スマホYouTubeアプリの持つアーキテクチャの利用が、そこまで利用者の視聴ジャンルに影響力を持っていないだろうというものである。

7　どのアーキテクチャがYouTubeアプリ利用者の視聴時間に関係するのか？

第8章では、「ホーム画面」もしくは「登録チャンネル」を頻度高く使う場合にYouTubeアプリの視聴分数が長い傾向が見られた。そして視聴分数に対してより強い関係を持ったのは「ホーム画面」であった。

以上は相関関係だが、同じ8章で「2本目以降推奨」をよく利用している人は、あまり利用していない人に比べて「ホーム画面」をよく利用するようになるという因果が推定されたため、「2本目以降推奨」をよく利用する人はYouTubeアプリ視聴時間が長くなっていくと考えられる。そこには視聴時間へのアーキテクチャの影響力が見てとれたわけだ。

アーキテクチャクラスターの1つにはYouTubeアプリ視聴時間の長い「キーワード検索＋推奨アルゴリズム」群があり、このクラスターは特定の動画ジャンルクラスターとの強い連関は見られなかった。よって、動画ジャンルを問わず、キーワード検索と推奨アルゴリズムを併用するという利用パターンは視聴時間を長くしていく可能性が示唆されると本章の冒頭で書いた。そして「キーワード検索＋推奨アルゴリズム」群の「推奨アルゴリズム」の部分は「ホーム画面」も「2本目以降推奨」もどちらもよく使うことを意味しているので、やはりこの2つのアーキテクチャ利用が長い視聴時間を生み出している、つまりスマホYouTubeに利用者をハメていっていると言ってよいだろう。前項では全般的なアーキテクチャの影響力は強くないと書いたが、やはり「推奨アルゴリズム」の影響力はあると考えるべきだ。

8　スマホYouTubeにハマっていくのはどのようなパターンか？

繰り返しになるが、YouTubeとYouTube以外のネットサービスやアプリでの接触ジャンルは類似していたという分析結果は、YouTubeアプリが持つアーキテクチャの影響力はさほどなかったと解釈できる。YouTubeアプリを利用すると、他のネットサービスと違ってある特別な情報ジャンル（のみ）に接触するようになるわけではなかったからだ。

またYouTubeとテレビにおいて視聴する動画ジャンルが「おおむね」類似していたこともYouTubeアプリの持つアーキテクチャの視聴動画ジャンルに対する影響力が限定的であることを傍証している。

けれども第9章での分析から、YouTubeアプリで「エンタメとソフトニュース」を視聴している人は、視聴していない人に比べて「通知」をよく使うようになり、「通知」を使うことで「学びと社会情報」あるいは「サブカル系UGC」をよく視聴するようになるという因果も推定された。つまり「通知」は視聴する動画ジャンルを広げるアーキテクチャとして影響力を持っていた。

同じ第9章の分析からは以下の2つも明らかになった。1つ目は、「音楽」を視聴している人は、視聴していない人に比べて「2本目以降推奨」をよく使うようになり、「2本目以降推奨」を使うことで「音楽」をよく視聴するようになるという因果。

2つ目は、「消費・生活系UGC」を視聴している人は、視聴していない人に比べて「2本目以降推奨」をよく使うようになり、「2本目以降推奨」を使うことで「消費・生活系UGC」をよく視聴するようになるという因果である。

この2つの因果関係が、「2本目以降推奨」で「音楽」と「消費・生活系UGC」にハマっていくと書いたものだが、そこにはアーキテクチャの視聴頻度への影響力が見てとれる。この因果と関係する動画ジャンルクラスターとしては、「音楽のみ（ライト）」群と「消費・生活系UGC志向」群が挙げられる。また「キーワード検索＋推奨アルゴリズム」というアーキテクチャクラスターのうち「音楽」もしくは「消費・生活系UGC」をよく視聴する層もこの因果と関係しているだろう。

9 小画面のスマートフォンで作動するアプリがもたらす制約

第9章では、「ホーム画面」と「探索」の代替関係から説き起こし、スマートフォンの小画面で作動するアプリでは、「1画面1機能」ということが起こりやすく、また異なる性格を持つ機能であっても小画面ゆえに画面デザインが似通ってしまうため、利用者にとって複数アーキテクチャを組み合わせて使うことが難しいのではないかということを仮説的に述べた。あわせて第3章のデータでも、2020年から2021年の1年間で、全般的に2つのアーキテクチャを組み合わせて使う傾向が薄れていたことを示した。

YouTubeアプリでは、再生動画のサムネイルや再生画面の面積が大きくなるという動画アプリ特有の事情があるだろうから、たとえ画面の小さなスマートフォンで利用されるとはいっても、「1画面1機能」という制約はスマホアプリ全般にあてはまるものではないかもしれない。けれども1つの発見として示しておきたい。

なぜならば、利用者が複数機能を組み合わせて使わなくなっていった帰結として、動画推奨アルゴリズムが作動するアーキテクチャのみが利用されるようになり、機能としてもそれだけが残っていくことも起こりうるからだ。

本書の結論と研究の限界

ここまでの整理から本書の結論は次のようになるだろう。

- YouTubeは高選択メディアであるため、スマホアプリ利用者において視聴する動画ジャンルに差があった。けれども視聴する動画ジャンルに対してのアプリが持つアーキテクチャの全般的な影響力は強くなく、どのようなジャンルの情報にYouTubeアプリ利用者がもともと接触していたかの方が強く影響していると考えるべきだろう。
- 動画推奨アルゴリズムが直接的に機能するアーキテクチャを高い頻度で利用するクラスターは幅広い動画ジャンルを視聴しており、動画推奨アルゴリズムが利用者の視聴する動画ジャンルを限定的にしているという証拠は見られなかった。
- 「通知」が「エンタメとソフトニュース」から「学びと社会情報」あるいは「サブカル系UGC」へとYouTubeアプリ利用者の視聴動画ジャンルの幅を広げていた。それは「通知」で機能する動画推奨アルゴリズムによるものだと考えられるが、いずれもマスコンテンツからニッチコンテンツへという流れであった。

- 「2本目以降推奨」は「音楽」「消費・生活系UGC」といった細分化された内容がすでに提供されている動画ジャンルの視聴頻度を上げるという作用をしていた。また「2本目以降推奨」をよく利用する人はYouTubeアプリ視聴時間が長くなっていくと考えられ、このアーキテクチャの影響力はYouTubeの収益モデル面からも非常に重要である。

さて、ここで次の展望へと進む前に本研究の限界について述べておきたい。大きくは3つある。

本書でまとめた一連の研究は2020年と2021年のウェブアンケートで取得したデータを分析したもので、「ネット系動画」視聴の平日行為者率が40%ほどという段階でのものである。

YouTubeに限れば利用率は約85%と高率ではあるが、スマホアプリでの視聴行動が幅広い年代で安定しているとは言い難く、仮にYouTubeアプリの1日視聴時間がさらに伸びれば、本書で示した結果と異なるアーキテクチャ利用パターンが出てくる可能性はある（そもそも運営側によるアーキテクチャの変更があるだろう）。また因果を推定した2回にわたるパネル調査の間隔は約6カ月で、この期間をもっと短くあるいは長くとっていれば異なる結果となった可能性もある。

2つ目は、本研究はYouTubeという単一事例の分析でしかないので、結果の一般化には慎重になるべきだという点だ。しかしその一方で、YouTubeのスマホアプリ利用者はすでに5000万人以上に上り、類似サービスの機能や画面デザインでの参照・模倣の対象となっていることは十分考えられる。したがって本書での分析結果はアーキテクチャに注目したネット動画サービス視聴行動研究として一定の貢献を果たすだろうし、記録としても価値を持つはずだ。

3つ目は、スマートフォンとPCのUIの違いから理論的に話を展開することがあったものの、アーキテクチャ利用パターンや視聴時間などに利用デバイスで差があるのかは筆者らは実証していない。当然のことながら、PCでのYouTube利用のデータを収集し、分析すれば、本書で示した理論（的仮説）が修正されることはありうる。

展望

最後に本書での分析を踏まえて、そしてそれにいくらかの筆者らの想像力を添えて、この先の動画配信サービスにおける推奨アルゴリズムの利用と「ネット系動画」でのニュース視聴に関しての展望を記したい。

1　手動＋自動のハイブリッドか、自動中心か？

本研究での大きな知見の1つは、「ホーム画面」と「2本目以降推奨」を高い頻度で利用する「情報熱中者」群と「YouTubeアプリ愛好者」群が、スマホYouTubeアプリで幅広い動画ジャンルを視聴しており、「キーワード検索のみ」群と「情報低関心者」群において、視聴する動画ジャンルが限定的であったという点だろう。なお「群」と書いているが、この結果は各群の平均年齢や男女比、視聴時間の影響を取り除いた「純粋」なアーキテクチャ利用パターンによる視聴頻度の差である。

この結果は相関関係でしかないため、動画推奨アルゴリズムがYouTubeアプリ利用者の視聴動画ジャンルの幅を広げる力を持っていたとは言えない。むしろ幅広い動画ジャンルを視聴するYouTubeアプリ利用者が「ホーム画面」と「2本目以降推奨」を含む7つのアーキテクチャを高い頻度で利用するようになるという因果関係の方がありそうである。

さらに視聴動画ジャンルが限定的であった「キーワード検索のみ」群と「情報低関心者」群はいずれも「ホーム画面」と「2本目以降推奨」の利用頻度は低かったのだから、動画推奨アルゴリズムが視聴動画ジャンルを限定的にしているという因果も想定しにくい。つまりスマホYouTubeアプリにおける動画推奨アルゴリズムは視聴する動画ジャンルの幅広さに対しては中立的であったと言うのが妥当だろう。

さてこの結果については、思い出しておくべき重要な点がある。それは調査時点のYouTubeアプリの場合、基本的に利用者は提供されている主に7つのアーキテクチャから利用するものを自らが選択して動画を視聴しているということだ。

そういうアーキテクチャ選択の自由度が高い環境だからこそ、動画推奨アルゴリズムが直接的に機能する「ホーム画面」と「2本目以降推奨」のいずれもを高い頻度で利用するクラスターであっても、5つの動画ジャンルのすべてを平均的なクラスターよりも頻度高く視聴していたのだろうと筆者らは考えている。

一般化を試みるならば、人間による主体性を尊重する「手動」部分と計算能力にすぐれるコンピュータが作動する「自動」部分のハイブリッドという特徴が視聴する動画ジャンルの幅広さには寄与していて、少なくとも阻害してはいないということだ。

けれども利用者が一定程度享受しているYouTubeアプリにおけるアーキテクチャ選択の自由度の高さが、アーキテクチャによる利用者への行動制御をゼロにするわけではなく、むしろそれを利用者に感じにくくさせていることにも注意が必要だ。

第9章では、「2本目以降推奨」を利用していると「音楽」「消費・生活系UGC」をよく視聴するようになることや、「通知」を利用していると「エンタメとソフトニュース」から「学びと社会情報」あるいは「サブカル系UGC」へと視聴する動画ジャンルの幅が広がるという因果関係を示したが、どれほどの利用者がこれらの因果関係に気づいているのだろうか。

また「ホーム画面」をよく使っていると「2本目以降推奨」の利用頻度が上がり、そうするとさらに「ホーム画面」の利用頻度が上がるという2つのアーキテクチャの補完関係も推定された。こちらの場合は「ホーム画面」の利用頻度が高いとYouTubeアプリの視聴分数が長いという関係も確認されたので、2つのアーキテクチャの補完関係に何となく気づいていようがそうでなかろうが、「ホーム画面」を一定の頻度以上で使っていると視聴時間が長くなる可能性は高い。そしてこれはYouTube運営事業者のKPIの観点からは「成功」とされる。つまり「手動」と「自動」のハイブリッドのうち視聴時間の長さに寄与するだろうものは後者の「自動」部分である。

さて、手動＋自動という考え方とは別の、アーキテクチャ選択の自由度を利用者にさほど与えないという考え方も当然ながらある。短尺ではあるものの、YouTubeと同じ動画コンテンツを提供するTikTokアプリでは、利用者が自分の関心ジャンルを登録した後は、「レコメンド」と名づけられた「ホーム画面」にはアルゴリズムによって推奨される動画が全画面で表示され、しかも自動的に再生され始める。

このアーキテクチャのアプリ視聴時間への影響力についての実証研究を筆者らは知らないが、アメリカにおいては2022年のTikTokアプリの平均利用時間は1日45.8分で、スマホアプリに限らない全YouTubeの45.6分をわずかに上回った[2]。そして長時間にわたって視聴する利用者の存在とそれに対する懸念は第1章で示したように取り沙汰されている。

また2022年の7月にはFacebookアプリでも「友だち」からの投稿が届く「ニュースフィード」は「フィード」と名称を改められ、新しくデフォルトに設定された「ホーム」では推奨アルゴリズムが機能して、利用者の好みそうなテキストや写真や動画での投稿が自動で流れてくるようになった。

「友だち」を作り続けることは難しいから、特に双方での承認が必要なFacebookでは「友だち」からの投稿は量的に減っていくだろうし、また斬新さも乏しくなっていくという事情はあるが、どうやらこのような推奨アルゴリズムを中心に据えると同時に、他の機能の利用を制限する、あるいは利用しにくくする「自動」中心のアーキテクチャの方がアプリ利用者の利用時間を長くできるということはFacebookアプリのアーキテクチャ変更からは言えそうである。

実は少し注意してみると、TikTokアプリの「レコメンド」画面でも利用者の自由度がゼロになっているわけではない。というのも自動再生され始めた動画が気に入らない場合は、1スワイプだけですぐ次の動画に移れるからである。動画推奨アルゴリズムは万能ではないし、全画面表示され、しかも尺があるという動画を提供するアプリゆえの工夫である。

そして先ほど述べた選択の自由度の提供によって利用者にアーキテクチャの影響力を気づきにくくさせるという理論にしたがえば、このわずかばかりの自由度はかなり巧妙なものなのかもしれない。なぜならば、利用者がアーキテクチャによる行動制御に気づかないうちに、徐々にTikTokは視聴時間を伸ばしていけると考えられるからだ。大量の利用行動データを分析できる運営事業者と何となくの感覚を頼りにすることが多い利用者ひとりひとりとの情報の非対称性とも呼べるものだろう。

このような「自動」中心のアーキテクチャにおいて、利用者が接触する動画（情報）のジャンルが幅の広いものとなるのか狭いものとなるのかはわからない。けれども広告という収益モデル優位の状況、すなわちこれら事業者の主要KPIが視聴時間であることに根本的な変化が起きない限り、スマホ動画アプリにおいても推奨の「自動」部分が中心になり、利用者にわずかな自由度を与えるというタイプのアーキテクチャが主流になっていくと考えるのが妥当だろう。そしてそのようなアーキテクチャが主流となっている期間は「業界のKPIが変わるまで」となるはずだ。

第6章で示したように、YouTubeアプリ利用者における「推奨アルゴリズムに対する肯定的評価」は高く、なかでも「検索・発見の自己効力感」が低い者にとっては動画推奨アルゴリズムがありがたがられていそうだということも、自動中心への道筋を動画アプリが進んでいく流れに、棹さすことになるだろう。

したがって、広告という収益モデルが優勢な時代におけるスマホ動画配信事業者へのインプリケーションとしては、「コンテンツを的確に推奨しながら、利用者に自由を少しばかり与えて、利用者に気づかれないように少しずつ利用時間を伸ばしましょう」ということになるし、その類いのサービスにそこまで時間をとられたくないと考える利用者には、まずは「そういう巧妙なアプリの作られ方がある」ことを知って欲しいというのが本書のメッセージになる。

そう考えると、アーキテクチャ選択の自由度が高い現状のスマホYouTubeアプリは時代の趨勢から外れていくことになるのだが、ではYouTubeアプリはどうなっていくのだろうか。

1つは、視聴分数でTikTokに上回られたという危機感から自動中心のTikTokに似せていく方向だろう。これはすでに実践されており、事実、2021年夏に「ショート」アイコンが登場した。当然「ショート」での推奨アルゴリズムの改善は行われているのだろうが、その一方で、アプリ全体での変化は2022年までのところない。

2022年を通じて大きな変化がなかったことについては「今のままで良い」という判断も働いているのだろうが、それに関連して筆者らが一連のデータ分析から感じたのは、YouTubeにおけるある程度の動画尺を持った「学業や仕事・副業に関わる」「生活に必要な」「趣味に関わる」3つの実演・解説動画の存在であり、またアプリ利用者が「キーワード検索」を何よりも使っていたという点である。

もちろん「キーワード検索」はこれらの3つの動画内容を探すためばかりに使われているわけではないが、「学びと社会情報」ジャンルに含まれる前述の3つの「学び」動画はYouTubeが持つ他サービスを圧倒する既存資産である。別の言い方をすれば、多くのYouTube利用者にとって、これらのなくなったYouTubeの魅力は大きく下がるはずだ。つまりもしYouTubeアプリが何らかの大きな変化を見せるのであれば、それにはこれらの資産の活用が強く関わってくるように思われるし、それが思い切った自動路線への足かせになっているという見方も可能だろう。

2　細分化されたコンテンツ視聴から考える「ネット系動画」のニュース視聴

続いて2つ目の話題に移ろう。

本書の分析結果を見ると、すでにスマートフォンがYouTube視聴の第1端末となっているものの、スマホYouTube視聴の一般化が始まってからまだ4～5年と歴史が浅く、年齢が高いとアプリ視聴時間が短い点からも広い年代においてスマホYouTube視聴が習慣化しているとは言い難い。

その一方で本書から見えてきた大きな傾向は、動画ジャンルの下位に多くのサブジャンルや多様な内容が存在する場合には、「登録チャンネル」もしくは動画推奨アルゴリズムが機能する「ホーム画面」や「2本目以降推奨」を利用して、そのような細分化された内容の動画をスマホYouTubeで視聴するというものであった。これに関しては、YouTubeで「音楽」を視聴する層がテレビの音楽番組を視聴しているわけではなく、YouTubeで「消費・生活系UGC」を視聴する層がテレビの「趣味・実用番組」を視聴しているわけではなかったという結果も示した。

またYouTubeアプリの「通知」によって視聴する動画ジャンルの広がりが起きているという因果も推定された。けれどもそれは「エンタメとソフトニュース」から「学びと社会情報」あるいは「サブカル系UGC」へと視聴する動画ジャンルの幅を広げるという因果関係で、大きく言えば「テレビ的コンテンツ」から細分化されたUGCコンテンツへという向きの因果であった。そして以上の点はYouTubeアプリに限った話ではなくYouTube全体で起きていることだと考えられる。

第7章では、YouTubeと他のネットサービスでの接触情報が特に似ていることから、その2つは大きくはひとまとまりのネットサービスとして利用者に認識されていて、それに比べるとYouTubeとテレビの場合はやや別物と認識されているという解釈を示した。だとすれば動画ジャンルや内容によってテレビとYouTubeをどう使い分けるか、あるいはどのような動画ジャンルであってもどちらか一方を選択するというような視聴者の経験を通じた動きはまだ本格化していないと考えられる。

だからこそ、マスに向けられた「テレビ的コンテンツ」からUGCに顕著な細分化されたコンテンツへという視聴行動の変化は、10年以上あるいは15年以上にわたって今後も基本的に続いていくと筆者らは考えている。「ひとりひとりが好きな動画を自分のデバイスで見るように時代は進行しつつある」とイントロダクションで書いたことだ。そしてその前半にあたるこの先5〜7年ほどは、この変化が特に強く見られると考えている。なぜならば、現在利用者がモバイル動画視聴に求めている効用のうち最も強いものが「リラックス」であるからだ。

YouTubeに限らない、ただしスマートフォンに代表されるモバイル端末での動画視聴に利用者が求める効用（視聴動機）は、2019年調査で、強い順に「リラックス」「音楽鑑賞・視聴」「学習・環境監視」「逃避・没入」「テレビの補完」「友人間の話題・流行」「オンライン相互作用」の7つが確認されている[3]。最も強い「リラックス」は「くつろぎたい」「気分転換したい」「楽しい気持ちになりたい」などと関わりが深いもので、5点満点で3.59点という高さであった。

「リラックス」時には、人は自分の好きなものに関する動画を視聴する可能性が非常に高く、だとすればより細分化された動画へと向かうことは十分に考えられる。また2番目に強かった「音楽鑑賞・視聴」(3.13点）という視聴動機は、その名前の中に「音楽」という動画ジャンルが入っており、これも動画ジャンルの下位に細分化されたジャンルやアーティストなどが多数ある分野だ。だから同ジャンル内でも「2本目以降推奨」を利用しながらYouTubeアプリで「ハマっていく」のだろう。

なお「テレビの補完」とは「見逃したテレビ番組・CMを見たいから」などと関連が深いものだが、その動機の強さは2.78点と「逃避・没入」の2.82点よりもわずかに弱く、モバイル動画視聴から得られる効用としてテレビ的コンテンツを求めている程度は、現状ではさほど強くない。

以上が、この先5〜7年ほどは「リラックス」できる細分化されたコンテンツがYouTubeなどのサービスで提供されるモバイル動画では視聴されていく傾向が強く表れると考える理由だ。実際のところ、今回の分析でも「消費・生活系UGC」に偏って視聴する「消費・生活系UGC志向」群という全体の12.9%を占めるクラスターがすでに存在した。

さて、このような細分化されたコンテンツに偏って視聴するクラスターに関してメディア研究者が危惧するのが、多くの者が「見るべき・読むべき情報」にそのようなクラスターは接触しないようになっていくのではないかという点だ。現に「消費・生活系UGC志向」群はYouTube以外のネットサービスやアプリでの「政治・経済・社会の情報」への接触は7群中最下位であった。

けれどもこの群も、テレビ視聴ジャンル3因子のうち「ニュース・情報」には6点満点で3.67点という高さで接触していた。つまり、今のところ、スマホYouTubeにハマっていて「消費・生活系UGC」に偏って視聴しているクラスターでも、「ニュース」に触れる機会はテレビによって一定程度は確保されている。

なお、先ほどのモバイル動画視聴に利用者が求める効用のうち、ニュース視聴と関連する「学習・環境監視」という効用の強さは7つのうち第3位の2.99点であった。この効用は「自分に必要な技術や知識を学びたいから」「幅広い分野の情報を得たいから」などと関わりが深いが、前者は細分化されたコンテンツに親和的で、後者はマスメディア的コンテンツに親和的な要素である。そして繰り返しになるが、モバイル動画視聴において現在のところ利用者は前者を望む傾向がある。

したがって「ネット系動画」視聴の行為者率が60%、70%と高まっていくことで、と同時にテレビ受像機を持たない世帯が増え、テレビ視聴の行為者率が80%、70%と低下していくことで、「学習・環境監視」のうちの「環境監視」、すなわち政治や経済あるいは社会の動きを知る部分へのニーズが「ネット系動画」でも高まっていくことはあり得るだろう。つまり全体としてテレビ視聴機会が減り、ネット系動画で「ニュース」を求める動きが強くなる時代への移行である。

けれども「ニュース」を求める動きがすべての「ネット系動画」視聴者において起きるとは限らない。ゆえに将来のその時に、現在の「消費・生活系UGC志向」群のように、偏ったジャンルで「ネット系動画」を視聴するクラスターが、「見るべき・読むべき情報」に触れなくなっていくことも今の流れから推測すれば同時に起きるだろう。スティグレールが「見ているだけいいから見てしまう」と語った動画の性質はリラックス派の視聴者にはより強く働きかけるはずだからだ。

筆者らは、10年先に、今は主にマスメディアで提供されている「見るべき・読むべき情報」への接触がある絶対的水準を下回るほど減り、ハードニュースにほとんど接触しない人たちが有権者の過半数を占めるという事態にまで到達するとは考えていない。なぜならばメディア利用行動の変化はそれなりに時間をかけて起きるし、ネットサービスやアプリでテキストによるハードニュースに触れる習慣がすでに根づいているからだ。

しかし同時に、われわれは「映像圏（ビデオスフェール）」の時代に、しかも細分化された動画コンテンツの時代に生きているのだから、インターネット上に動画コンテンツによるニュースを提供するマスメディアすなわち「見るべき・読むべき情報」を提供するメディアもしくは環境を作ることも必要で、それが2030年代初頭には収益モデルやプライシングも含めた「サービス」として完成していることも必要だろう。

つまり事態をしばらく放置することは望ましくないという立場で、上のサービスは、場合によっては企業レベルではなく社会として整備しなければならないものだとも考えている。なぜならば、もしそれが用意されることなく10年が経過してしまえば、日本において健全な民主主義を機能させることは相応に困難になっているという程度の危機感を筆者らは持っているからだ。

日本の代表的なニュースポータルサイトYahoo!ニュースでは、そのトップページにおいて日本のテレビ局と英国BBCのニュース動画が提供されるようになっているが、利用率85％のYouTubeでも似た取り組みは必要だろう。

もちろん、今のところまったく何も行われていないわけではなく、YouTubeでも2018年から重要ニュースと速報を「ニュース」カテゴリー内で見せるようにUIでの工夫を凝らしている[4]。また日本語でもホーム画面の「探索」をタップすれば「ニュース」カテゴリーが現れ、報道機関各社の動画がリスト化されるし、その「ニュース」カテゴリーをチャンネルとして登録することも可能である。しかしこれらはいずれも利用者にとっては非常に気づきにくいアーキテクチャとなっている。

仮にスマホアプリであれば、利用者が低コストでニュースに接触するための「ニュース」ボタンがホーム画面の最下部に設置されるくらいのことは必要だろうし、少なくとも1日に1回は5分から10分程度に人工知能技術を活用して自動編集されたニュース動画の通知がアプリに届くようなアーキテクチャも考えられるだろう。テレビ受像機との関わりの強い大画面のディスプレイでの視聴であれば、YouTube起動時に「見るべき・読むべき」ニュース動画が自動で流れ出すというアーキテクチャがあっても良いように思える。

筆者らに細かい施策のアイディアを挙げることには限界がある。けれども、「ひとりひとりが好きな動画を自分のデバイスで見る時代」になっても、「見るべき・読むべき情報」へより多くの人が接触する場所を十分に確保する取り組みは必要だろうし、それを本格的に始めるための時間的猶予がまだ残されているとは考えない方が良いということは記しておきたい。

3　結び――「発見」のゆくえ

ここまで「手動＋自動のハイブリッドか自動中心か」「YouTubeでの細分化されたコンテンツ視聴から考える『ネット系動画』でのニュース視聴」という2つの話題で近未来を展望してきた。スマホ向けアプリを筆頭に動画アプリは自動中心へと向かっていくだろうこと、また既存の報道機関やマスメディアの力を借りながら誰もが「見るべき情報」に触れる機会を作っていくべきでその時間的猶予は少ないこと、それがそれぞれの内容の骨子であった。

さて、筆者らはこれらの2つをつなぐ、別の言い方をすれば2つの展望が両立できる上で重要な概念が「発見」だろうと考えている。

2021年に実施されたある調査では[5]、「興味のなかったことに関心を持つ」上で「最も役に立つ」サービスを12個の中から単一回答で答えてもらっている。全体ではテレビが29%、YouTubeが13%という結果であったが、16～29歳の若年層ではYouTubeが28%の首位で、テレビよりも10ポイント以上高かった。つまり若年層にとってはYouTubeが「発見」をもたらし、自身の世界を広げてくれると考えていることがうかがえる。けれどもこのデータから筆者らが想像する懸念は、YouTubeを長時間視聴する若年層にとってここでの「世界」の意味するものが、すでに非常に細分化されたコンテンツが形成する小さめの「ジャンル」を指している可能性だ。

自動中心へと動画アプリが向かうだろうという話題において無視することのできないTikTokでは、かわいい「犬」の動画の次にはかわいい「猫」の動画を見せるようになっているという。動画を視聴すること自体が目的となっているタイプの視聴者にもたらされるこの種の「発見」、すなわち犬の「世界」から猫の「世界」へと視聴者の世界が広がることが視聴時間を長くするというデータをTikTokが持っているからだ。

実は、第2章で引用したグーグルのバルーハら（2008）による論文でも、YouTubeの動画推奨アルゴリズムは、キーワード検索だけでは利用者が自分の関心に合致した動画を見つけることが難しいという理由から考えられたもので、論文タイトルには「発見(discovery)」という語が含まれていた。2008年当時はグーグル検索の文化がYouTubeでの検索においてもまだ残っていて、動画はとにかくより長い時間見せることが良しとされているわけではなかった。すなわち利用者による動画の道具的利用が主に念頭に置かれていたはずで、その点では先のTikTokはもちろん現在のYouTubeとも異なる。けれどもバルーハらが想定したYouTubeでの「発見」も、TikTok同様にすでにある関心の周辺にある動画によってもたらされる類いのものであったという点では同じである。

報道機関やマスメディアによる「見るべき情報」の提供というと、現行権力の監視ということがまず思い浮かぶ。しかし自分の普段の生活ではおよそ出会うことがないだろう「名もない人の意義ある活動」や「弱き者の声」、あるいは「地球の裏側で起きている実は自分の生活とも関わりの深い課題」というものもそれに含まれる重要な一部であるはずだ。そのような人や活動などの存在が少しずつ知られていくことで、協力者が得られていき、社会や地球を良い方向へと変えていく大きな動きへとなることがあるのだから。

けれども前述のとおり、たとえば「音楽」ジャンルの中の「邦楽ロック」においてアーティストAからアーティストBを「発見」する、あるいは「消費・生活系UGC」ジャンルの中の「美容」においてメイクアップ技術Xからメイクアップ技術Yを「発見」するといった、小さめのジャンルを「世界」と認識し、小さめの「ジャンル」の周辺での「発見」が、先の調査結果の「興味のなかったことに関心を持つ」の主たる部分である、あるいはそれこそが「発見」に他ならないと認識している層がすでに存在している可能性はある。

そして、アプリの自動化によって、このような層が今後より多く生まれてくれば、仮にYouTubeアプリに「ニュース」ボタンがあっても、マスメディアが報じるニュースなどには限られた時間の中では接触しないという人が増えていくだろう。好きなことや好きな人からはずいぶんと離れた話題である「余計なこと」などは考えたくないという傾向をそのような人たちが持つことになる可能性があるからだ。

本書でも見てきたように、アーキテクチャは人の行動に働きかけて、時として人の心にも作用する。つまりこれまでの動画推奨アルゴリズムに慣れきってしまった一部の利用者が、すでに「世界」の意味するものや「発見」の感覚を変えてしまっている可能性、そしてますます自動化が進む動画アプリによってそのような変化がこの先起きていく可能性こそが筆者らの懸念である。

　このように考えてくると、「発見」を利用者にもたらすようなアルゴリズムによる動画の推奨が、古くて新しい問題として、今以上の切実さをもって立ち現れてくる。すなわち、それは事業者のKPIである視聴時間を伸ばすためといった矮小な問題ではなく、社会の安定を得るための問題と言えよう。

「発見」のグラデーションを利用者に意識させる推奨アルゴリズムを開発するという技術的問題の解決は難しい。ゆえに過去のデータしか参照できないプログラムではなく人間の想像力や編集力に結果的には頼ることになるのかもしれない。しかし解決方法はどうであれ、困難を克服しつつ、情報テクノロジーを社会システムとセットにして近未来を構想していかねばならない時期はすでに到来しているはずである。変化というものは、最初はゆっくりと、そしてある時からは突然に起こるものなのだから。

1　7群間で「政治・経済・社会のニュース・報道・ドキュメンタリー」の得点平均について一元配置の分散分析を行ったところ、有意水準0.1%で有意差が見られた（$F(6, 779) = 11.15$）。その後、7群間で多重比較（有意水準5%）を行った。平均値は「情報低関心者」群で1.37点、「キーワード検索のみ」群で1.65点と低かったものの平均的な「YouTubeアプリ受動的利用者」群との間に有意差は見られなかった。

2　eMarketer, 2022

3　佐々木・北村・山下, 2021a

4　Mohan & Kyncl, 2018

5　内堀・渡辺, 2022

付録

付録では以下の4つの内容を示す。

1. 分析対象とした3つの調査概要
2. 3調査時点でのYouTubeアプリホーム画面と利用可能アーキテクチャ
3. 2020年のアーキテクチャ利用頻度とアーキテクチャ 7因子
4. 2020年の動画内容別視聴頻度と動画ジャンル6因子

1 分析対象とした3つの調査概要

本書で分析に用いたデータは調査会社マクロミルのパネル登録者を対象とした以下の3つの調査によって得られた。

（1）YouTubeアプリ2020年調査
（2）YouTubeアプリ2021年パネル第1調査
（3）YouTubeアプリ2021年パネル第2調査

以下に各調査の概要と分析対象者の内訳を記す。

（1）YouTubeアプリ2020年調査

中学生を除く15～49歳までの1都2府5県[1]在住の男女を14層に42名ずつ割り当て、サンプルサイズを588名として計画した。また回答者条件を「私的に使用する自分専用のスマートフォンを持ち、スマートフォンのYouTubeアプリを過去7日で1回以上利用した者」とした。

調査時期は2020年1月31日～2月1日であった。実査では616名から回答を得たが、データクリーニングを行い、すべての項目を同じ番号で回答した者[2]と視聴時間の回答に論理矛盾がある者などを除外し、604名（男性302名、女性302名）が分析対象者となった。分析対象者の性別・年齢層別の内訳は表A-1のとおりで、平均年齢は全体で32.2歳（SD =

9.97)、男性で32.4歳（SD = 10.07)、女性で32.1歳（SD = 9.88）であった。

表A-1　YouTubeアプリ2020年調査の分析対象者内訳

	15-19歳	20-24歳	25-29歳	30-34歳	35-39歳	40-44歳	45-49歳	合計
男性	43	40	44	44	43	44	44	302
	7.12%	6.62%	7.28%	7.28%	7.12%	7.28%	7.28%	50.00%
女性	44	44	43	43	41	43	44	302
	7.28%	7.28%	7.12%	7.12%	6.79%	7.12%	7.28%	50.00%
合計	87	84	87	87	84	87	88	604
	14.40%	13.91%	14.40%	14.40%	13.91%	14.40%	14.57%	100.00%

上段が度数、下段が相対度数（%）を表す

（2）YouTubeアプリ2021年パネル第1調査

中学生を除く15～49歳までの1都2府5県在住の男女を14層に57名ずつ割り当て、サンプルサイズを798名として計画した。調査時期は2021年1月29日～31日であった。実査では826名から回答を得たが、2020年調査と同様のデータクリーニングを行い、786名（男性391名、女性395名）が分析対象者となった。分析対象者の性別・年齢層別の内訳は表A-2のとおりで、平均年齢は全体で32.1歳（SD = 10.01)、男性で32.0歳（SD = 10.02)、女性で32.1歳（SD = 10.00）であった。

表A-2　YouTubeアプリ2021年パネル第1調査の分析対象者内訳

	15-19歳	20-24歳	25-29歳	30-34歳	35-39歳	40-44歳	45-49歳	合計
男性	58	57	56	57	53	55	55	391
	7.38%	7.25%	7.12%	7.25%	6.74%	7.00%	7.00%	49.75%
女性	57	57	56	56	54	58	57	395
	7.25%	7.25%	7.12%	7.12%	6.87%	7.38%	7.25%	50.25%
合計	115	114	112	113	107	113	112	786
	14.63%	14.50%	14.25%	14.38%	13.61%	14.38%	14.25%	100.00%

上段が度数、下段が相対度数（%）を表す

(3) YouTubeアプリ2021年パネル第2調査

調査時期は2021年7月16日〜21日であった。パネル第1調査の分析対象者786名に回答を依頼して、最終的に479名（男性248名、女性231名）の回答を集めた。これまでと同様のデータクリーニングを行い、442名（男性229名、女性213名）をパネルデータ分析の対象者とした。

分析対象者の性別・年齢層別の内訳は表A-3のとおりで、平均年齢は全体で34.3歳（SD = 9.92)、男性で34.6歳（SD = 9.78)、女性で34.1歳（SD = 10.09）であった。パネル第1調査（N=786）に比べて調査時期が約6カ月後ではあったが、年齢はパネル第1調査時点のものである。にもかかわらず平均年齢が約2歳上昇したのは若年層が分析対象者から減ったためである。

表A-3 YouTubeアプリ2021年パネル第2調査の分析対象者内訳

	15-19歳	20-24歳	25-29歳	30-34歳	35-39歳	40-44歳	45-49歳	合計
男性	19	26	30	38	30	42	44	229
	4.30%	5.88%	6.79%	8.60%	6.79%	9.50%	9.95%	51.81%
女性	24	25	24	29	30	40	41	213
	5.43%	5.66%	5.43%	6.56%	6.79%	9.05%	9.28%	48.19%
合計	43	51	54	67	60	82	85	442
	9.73%	11.54%	12.22%	15.16%	13.57%	18.55%	19.23%	100.00%

上段が度数、下段が相対度数（%）を表す

なお、(1) YouTubeアプリ2020年調査は日本における新型コロナウイルス感染症（COVID-19）の感染拡大前の2020年1月31日〜2月1日に実施しており、平時のデータと考えられる。

(2) YouTubeアプリ2021年パネル第1調査は2021年1月29日〜31日に実施したが、この時期は2回目の緊急事態宣言（1月8日から3月21日）時期にあたった。調査時期において、調査対象者が居住する東京都、大阪府、京都府、神奈川県、埼玉県、千葉県、愛知県、兵庫県のすべてがその対象区域となっていた。前年からのコロナ禍の影響で、スポーツや音楽イベントに関する動画、またその現場で撮影された動画の視聴機会が減るなどの傾向がデータには見られた。

（3）YouTubeアプリ2021年パネル第2調査は2021年7月16日〜21日に実施した。この時期は、4月25日から6月20日まで発出されていた3回目の緊急事態宣言解除後間もない時期で、東京都では東京オリンピック直前の4回目緊急事態宣言（7月12日から9月30日）の最初期にあたった。ただし緊急事態宣言の対象区域のうち調査対象者居住地に該当したのは東京都のみで、他の府県はまん延防止等重点措置に該当したか、そのいずれの対象にもなっていなかった。

政府のデータ[3]によれば、コロナ禍以前の2019年同週比で、東京都内移動が2021年1月第4週は-27%、同7月第3週は-21%と調査2時期では6ポイントの差であった。同様に、都外移動が1月第4週は-43%、7月第3週は-36%と7ポイントの差であった。また大阪府内移動が1月第4週は-13%、7月第3週は-5%と8ポイントの差であり、府外移動が1月第4週は-34%、7月第3週は-25%と9ポイントの差であった。

つまりいずれも人の移動は2021年1月から7月で増えていたが、（2）YouTubeアプリ2021年パネル第1調査と（3）YouTubeアプリ2021年パネル第2調査の間に大きな移動量の変化があったわけではなく、パネル分析に耐えうるデータが収集できたと考えている。なお、YouTubeアプリ視聴時間は第1調査で44.9分、第2調査で39.2分と平均年齢の上昇もあり、短くなった。ただし統計的検定の結果、有意差はなかった。

2　3調査時点でのYouTubeアプリホーム画面と利用可能アーキテクチャ

2020年1月調査時のYouTubeスマホアプリのホーム画面は図A-1左に示したとおりで、ホーム画面下部にあるアイコンは左から「ホーム」「急上昇」「登録チャンネル」「受信トレイ」「ライブラリ」であった。1年後の2021年1月調査時には、それらは図A-1右のように「ホーム」「探索」「＋

（投稿・アップロード）」「登録チャンネル」「ライブラリ」となった。「急上昇」がホーム画面から消え、「探索」の下位の1つになった。

2021年に「格上げ」になったのが「＋」で、図A-1左にあるように、上部にあったビデオカメラのアイコンがシンプルになり、画面最下部の中央に配置された。逆に「格下げ」になったのが「受信トレイ」で、これは画面上部のベルのアイコンに変わり「通知」となった。なお最も利用される「キーワード検索」は他の多くのアプリ同様に虫眼鏡のアイコンで画面上部に置かれたままであった。

図A-1　2020年1月と2021年1月のYouTubeアプリホーム画面

筆者撮影

パネル第2調査時の2021年7月中旬以降のホーム画面は図A-2である。図A-1右との変更点は画面下部にあった「探索」が「ショート」に変わったことである。正確には、調査期間中に一部の日本語環境利用者にこのUIのバージョンが特に告知なくリリースされ始めた。したがってこの

図A-2　2021年7月中旬以降のYouTubeアプリホーム画面

筆者撮影

バージョンを使って調査に回答した者は1〜2割程度と考えられる。つまり8〜9割程度は画面下部に「探索」のある2021年1月調査時と同じUIのアプリを利用していたと考えられる。そして2021年7月に調査対象者の中で習慣的に「ショート」ボタンを利用していた者は皆無である。

2021年7月以降の新バージョンアプリにおいて、「ショート」によってはじき出された「探索」は画面上部に移動したものの、より目立つようになり、その右に示されている「すべて」の右に並ぶ「見たことのない動画」「野球」「サッカー」といったタグによる絞り込みが可能になった。タグを選択すると、その条件にしたがって動画がタテ一列に並ぶ画面が現れる。

3　2020年のアーキテクチャ利用頻度とアーキテクチャ7因子

2020年の1本目視聴開始時のアーキテクチャ利用頻度を4件法で尋ね

た結果が図A-3で、「よくある」に「たまにある」を加えた肯定的回答の割合が高い順に示してある。

「自分でキーワード検索して」の肯定的回答の割合が85.4%となり、最も高頻度で利用されていた。以下、「ホーム画面をスクロールまたはスワイプして表示された動画から」(70.7%)、「登録チャンネルから」(66.1%)となった。「登録チャンネル」は「よくある」が38.1%と高頻度だが、「まったくない」も17.9%と肯定的回答割合の上位4つ中で最大であった。逆に「まったくない」の数値が大きいのは、順に「受信トレイに届くおすすめから」(43.9%)、「受信トレイに届く登録チャンネルのアップロード通知から」(39.7%)であった。

同じように2本目以降視聴時のアーキテクチャ利用頻度を尋ねると、

図A-3 2020年のYouTubeアプリでの1本目視聴開始時のアーキテクチャ利用頻度

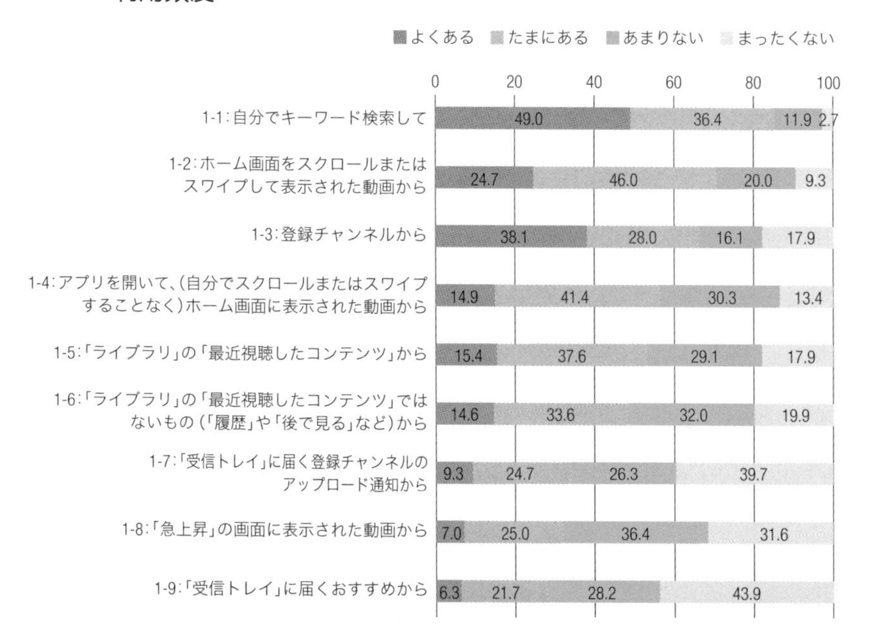

結果は図A-4の通りになった。

「アプリ内でキーワード検索する」の肯定的回答の割合が75.8%と最高であった。以下、「アプリのホーム画面に行き、スクロールまたはスワイプして見つけた動画を視聴する」(66.9%)、「現在再生している動画の終わりの方で、動画上で紹介される別の動画を視聴する」(64.1%)、「自動再生される『次の動画』を視聴する」(58.4%)、「見終わった（途中で

図A-4 2020年のYouTubeアプリでの2本目以降視聴時のアーキテクチャ利用頻度

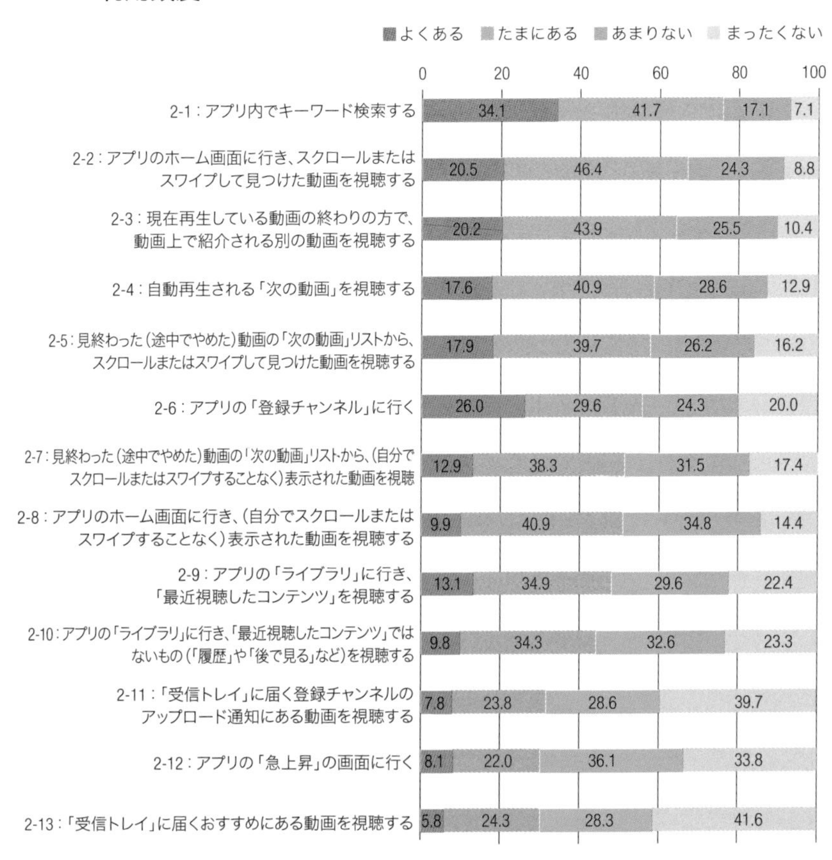

やめた）動画の『次の動画』リストから、スクロールまたはスワイプして見つけた動画を視聴する」(57.6%) となった。

1本目と同様に「キーワード検索」が1位である。しかし肯定的回答の割合では、「キーワード検索」は9.6ポイント下がった。そして2本目以降では直前の動画と関連する動画の紹介機能が利用されることが多い。つまり1本目の視聴は関心に基づく探索的（能動的）視聴の程度が高いが、2本目以降の視聴では推奨動画を受動的に視聴する傾向が増す。

2020年調査の1本目および2本目以降の動画視聴時の利用アーキテクチャ22項目の回答を合わせて因子分析[4]を実施した結果、図A-5の7因子[5]が得られた。これが2020年の「アーキテクチャ7因子」で、グラフの上部に書かれている「受信トレイ」などが抽出された7つの因子名である。グラフの横棒は各項目の各因子との関連の深さを示しており、数字が正

図A-5　2020年のアーキテクチャ 7因子

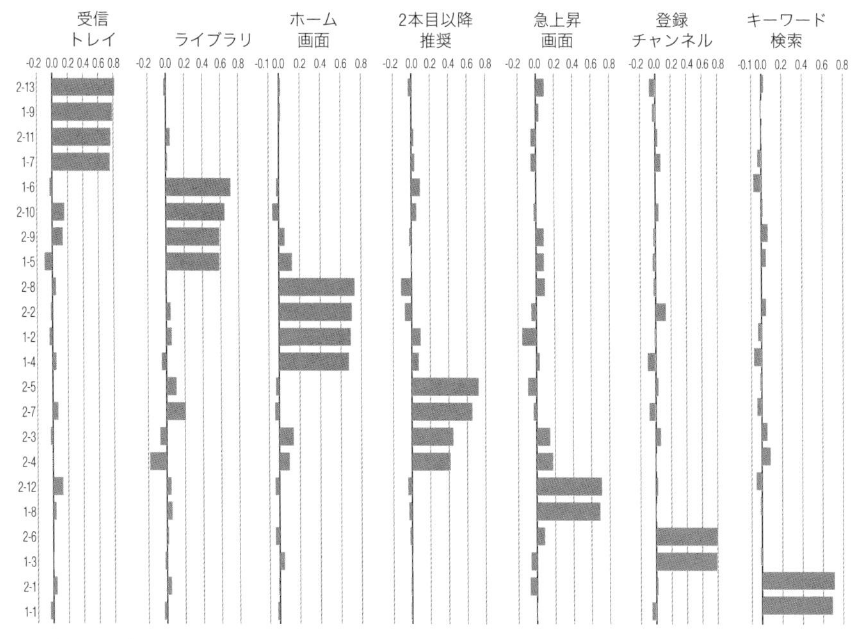

一番左にある番号は図A-3、図A-4の項目番号と対応している。

で大きくなるほど関連が深くなる。また図A-5の一番左に縦に並んでいる「2-13」や「1-9」といった番号は、図A-3および図A-4の項目番号と対応している。

2020年のアーキテクチャ7因子の名前は次のとおりで、カッコ内に順に利用頻度の得点平均値[6]と標準偏差を記した。最も利用頻度の高いのが「キーワード検索」、逆に最も利用頻度が低いのが「受信トレイ」となった。

「受信トレイ」(M = 1.97、SD = 0.84)
「ライブラリ」(M = 2.41、SD = 0.76)
「ホーム画面」(M = 2.67、SD = 0.70)
「2本目以降推奨」(M = 2.61、SD = 0.69)
「急上昇」(M = 2.06、SD = 0.84)
「登録チャンネル」(M = 2.74、SD = 1.02)
「キーワード検索」(M = 3.17、SD = 0.75)

4　2020年の動画内容別視聴頻度と動画ジャンル6因子

2020年に30項目の動画内容の視聴頻度を4件法で尋ねた結果が図A-6で、「よくある」に「たまにある」を加えた肯定的回答の割合が高い順に示してある。

最も高頻度で視聴されていたのは「ミュージックビデオ」で肯定的回答の割合は73.6%に上った。2位と4位にも「音楽関連のプレイリスト・ミックスリスト」(61.1%)「ライブ・コンサート映像」(54.4%)が現れた。3位となったのは「趣味に関わる実演・解説動画」(56.9%)であった。

逆に「まったく見たり聴いたりしない」の数値が大きいものは、順に「ラジオ番組」の62.3%、「英会話など語学学習に使える映像」の58.8%、「講義・講演映像」の52.8%、「イベントやスポーツ会場・現場の映像」と「政治・経済・社会のニュース・報道・ドキュメンタリー」の50.2%となった。以上が「まったく見たり聞いたりしない」が50%以上の5項

図A-6 2020年のYouTubeアプリでの動画内容視聴頻度

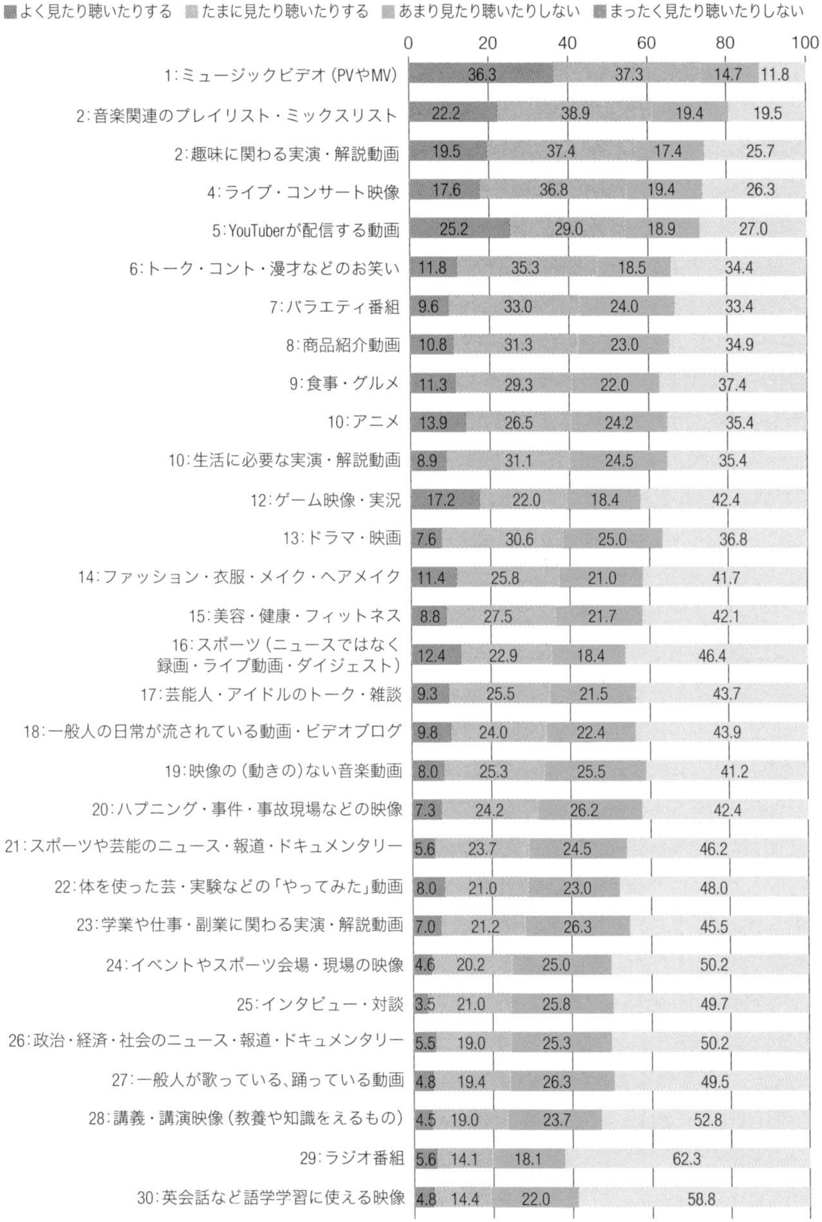

■よく見たり聴いたりする ■たまに見たり聴いたりする ■あまり見たり聴いたりしない ■まったく見たり聴いたりしない

	よく見たり聴いたりする	たまに見たり聴いたりする	あまり見たり聴いたりしない	まったく見たり聴いたりしない
1:ミュージックビデオ(PVやMV)	36.3	37.3	14.7	11.8
2:音楽関連のプレイリスト・ミックスリスト	22.2	38.9	19.4	19.5
2:趣味に関わる実演・解説動画	19.5	37.4	17.4	25.7
4:ライブ・コンサート映像	17.6	36.8	19.4	26.3
5:YouTuberが配信する動画	25.2	29.0	18.9	27.0
6:トーク・コント・漫才などのお笑い	11.8	35.3	18.5	34.4
7:バラエティ番組	9.6	33.0	24.0	33.4
8:商品紹介動画	10.8	31.3	23.0	34.9
9:食事・グルメ	11.3	29.3	22.0	37.4
10:アニメ	13.9	26.5	24.2	35.4
10:生活に必要な実演・解説動画	8.9	31.1	24.5	35.4
12:ゲーム映像・実況	17.2	22.0	18.4	42.4
13:ドラマ・映画	7.6	30.6	25.0	36.8
14:ファッション・衣服・メイク・ヘアメイク	11.4	25.8	21.0	41.7
15:美容・健康・フィットネス	8.8	27.5	21.7	42.1
16:スポーツ(ニュースではなく録画・ライブ動画・ダイジェスト)	12.4	22.9	18.4	46.4
17:芸能人・アイドルのトーク・雑談	9.3	25.5	21.5	43.7
18:一般人の日常が流されている動画・ビデオブログ	9.8	24.0	22.4	43.9
19:映像の(動きの)ない音楽動画	8.0	25.3	25.5	41.2
20:ハプニング・事件・事故現場などの映像	7.3	24.2	26.2	42.4
21:スポーツや芸能のニュース・報道・ドキュメンタリー	5.6	23.7	24.5	46.2
22:体を使った芸・実験などの「やってみた」動画	8.0	21.0	23.0	48.0
23:学業や仕事・副業に関わる実演・解説動画	7.0	21.2	26.3	45.5
24:イベントやスポーツ会場・現場の映像	4.6	20.2	25.0	50.2
25:インタビュー・対談	3.5	21.0	25.8	49.7
26:政治・経済・社会のニュース・報道・ドキュメンタリー	5.5	19.0	25.3	50.2
27:一般人が歌っている、踊っている動画	4.8	19.4	26.3	49.5
28:講義・講演映像(教養や知識をえるもの)	4.5	19.0	23.7	52.8
29:ラジオ番組	5.6	14.1	18.1	62.3
30:英会話など語学学習に使える映像	4.8	14.4	22.0	58.8

目だが、このことは実に多様に提供される視聴内容の一部だけを利用者が視聴している実態の一端を示している。

2020年の動画内容の視聴頻度の回答のうち29項目[7]を因子分析[8]によって分類し、図A-7の6因子[9]を抽出した。これが2020年の「動画ジャンル6因子」で、グラフの上部に書かれている「スポーツ・芸能・現場映像」などが抽出された6つの因子名である。グラフの見方はアーキテクチャ因子のものと一緒である。

2020年の動画ジャンル6因子の名前は次のとおりで、カッコ内の数値は順に視聴頻度の平均値と標準偏差である。視聴頻度の平均値の高い順から「音楽」「エンタメ」「消費・生活系UGC」「サブカル系UGC」「スポーツ・芸能・現場映像」「学びと社会情報」となった。

図A-7　2020年の動画ジャンル6因子

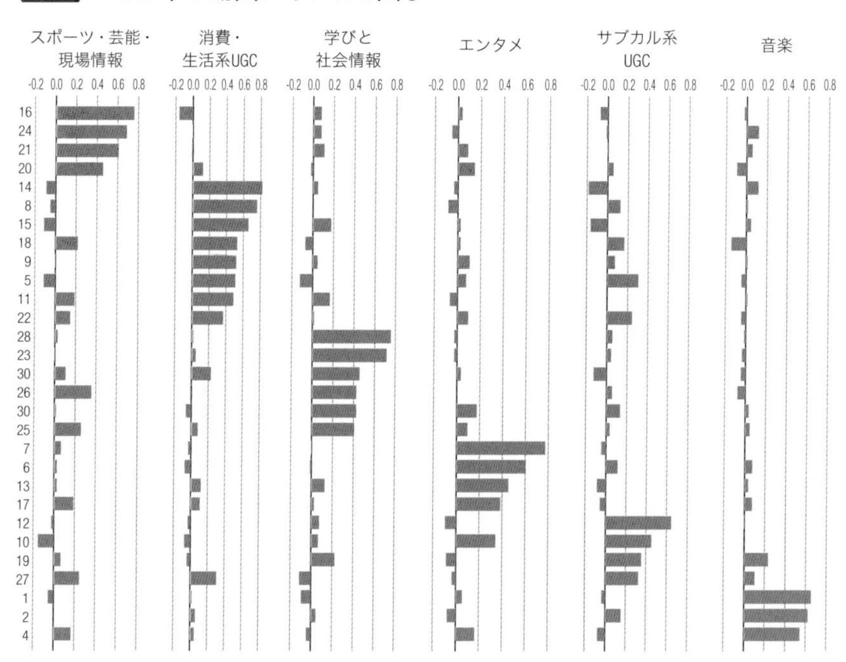

1. 「スポーツ・芸能・現場情報」(M = 1.91、SD = 0.76)
2. 「消費・生活系UGC」(M = 2.12、SD = 0.71)
3. 「学びと社会情報」(M = 1.73、SD = 0.67)
4. 「エンタメ」(M = 2.13、SD = 0.75)
5. 「サブカル系UGC」(M = 2.03、SD = 0.70)
6. 「音楽」(M = 2.69、 SD = 0.81)

---

1 東京都、大阪府、京都府、神奈川県、埼玉県、千葉県、愛知県、兵庫県。

2 「ストレート・ライナー」と呼ばれ、きちんと回答していないため分析対象から外すことが求められる（Tourangeau, R. et al., 2013)。

3 RESAS地域経済分析システム　人流データ

4 主因子法で抽出し、カイザー基準で因子数を7と決定した後、プロマックス回転を実行した。

5 クロンバックのα係数は順に、0.89、0.81、0.80、0.73、0.78、0.84、0.73であった。

6 利用頻度の得点平均値とは、7因子に含まれる項目の得点（「よくある」を4点、「たまにある」を3点、「あまりない」を2点、「まったくない」を1点としたもの）を単純加算し、それを項目数で割った値である。

7 「趣味に関わる実演・解説動画」(M = 2.51、SD = 1.08）を除外した。その理由はこの項目のみで1因子を構成していたためである。

8 主因子法で抽出し、カイザー基準で因子数を7と決定した後、プロマックス回転を実行した。複数因子に対して因子負荷量が0.35を超える場合は項目を除外する基準を設けたが、基準に該当する項目はなかった。

9 クロンバックのα係数は順に、0.77、0.84、0.82、0.71、0.61、0.69であった。

参考文献

阿部邦弘（2022）. 夜番組がついにリアルタイム配信開始。11日から変わる“テレビ視聴”. AV Watch.
<https://av.watch.impress.co.jp/docs/topic/1401343.html>（2022年9月12日閲覧）

Airoldi, M., Beraldo, D., & Gandini, A.（2016）. Follow the Algorithm: An exploratory investigation of music on YouTube. *Poetics*, 57, PP.1-13.

Allocca. K.（2018）. *Videocracy: How YouTube Is Changing the World*. Bloomsbury Publishing（US）.（小林啓倫訳（2019）.『YouTubeの時代——動画は世界をどう変えるか』NTT出版）

Alphabet inc. 決算資料 Fourth Quarter and Fiscal Year 2021 Results.
<https://abc.xyz/investor/static/pdf/2021Q4_alphabet_earnings_release.pdf>（2022年11月24日閲覧）

App Annie（2021）. モバイル市場年鑑2021.
<https://www.appannie.com/jp/go/state-of-mobile-2021/>（2022年9月12日閲覧）

Auxier, B. E., & Vitak, J.（2019）. Factors Motivating Customization and Echo Chamber Creation within Digital News Environments. *Social media+ society*, 5（2）, 2056305119847506.

Bakshy, E., Messing, S., & Adamic, L. A.（2015）. Exposure to Ideologically Diverse News and Opinion on Facebook. *Science*, 348（6239）, pp. 1130-1132.

Baluja, S., Seth, R., Sivakumar, D., Jing, Y., Yagnik, J., Kumar, S., Ravichandran, D. & Aly, M.（2008）. Video Suggestion and Discovery for YouTube: Taking Random Walks through the View Graph. In *Proceedings of the 17th International Conference on World Wide Web*, pp. 895-904.

Bloom, P.（2016）. *Against Empathy: The Case for Rational Compassion*. Ecco Books.（高橋洋訳（2018）.『反共感論——社会はいかに判断を誤るか』白揚社）

Bringnull, H（2010）. What is Deceptive Design?. *Deceptive Design*.
<https://www.deceptive.design/>（2022年9月12日閲覧）

Clark, A.（2003）. *Natural Born-Cyborg: Minds, Technologies, and the Future of Human Intelligence*. Oxford University Press.（丹治信春監修　呉羽真・久木田水生・西尾香苗訳（2015）.『生まれながらのサイボーグ—心・テクノロジー・知能の未来』春秋社）

Covington, P., Adams, J., & Sargin, E.（2016）. Deep Neural Networks for YouTube Recommendations. In *Proceedings of the 10th ACM Conference on Recommender Systems*, pp.191-198.

Debray, R.（1994）. *Manifestes Médiologiques*. Gallimard.（西垣通監修　嶋崎正樹訳（1999）.『メディオロジー宣言』NTT出版）

Dunaway, J., & Soroka, S.（2021）. Smartphone-size Screens Constrain Cognitive Access to Video News Stories. *Information, Communication & Society*, 24（1）, PP.69-84.

eMarketer（2022）. Average Time Spent per Day by US Adults Users on Social Media Platforms,

2022. *Insider Intelligence*.
<https://www.insiderintelligence.com/chart/256256/Average-Time-Spent-per-Day-by-US-Adult-Users-on-Select-Social-Media-Platforms-2022-minutes>（2022年8月16日閲覧）

Faris, R., Roberts, H., Etling, B., Bourassa, N., Zuckerman, E., & Benkler, Y.（2017）. Partisanship, Propaganda, and Disinformation: Online Media and the 2016 U.S. Presidential Election. *Berkman Klein Center Research Publication* 2017-6.
<https://dash.harvard.edu/handle/1/33759251>（2020年8月18日閲覧）

Fiske, S. T., & Neuberg, S. L.（1990）. A continuum of impression formation, from category-based to individuating processes: Influences of information and motivation on attention and interpretation. In *Advances in Experimental Social Psychology*（Vol. 23, pp. 1-74）. Academic Press.

Gibson, J. J.（1986: original work published 1979）. *The Ecological Approach to Visual Perception*. Lawrence Erlbaum.（古崎敬・古崎愛子・辻敬一郎・村瀬旻訳（1986）.『生態学的視覚論――ヒトの知覚世界を探る』サイエンス社）

Global Media Insight（2022）. YouTube User Statistics 2022. *GMI Blog*.
<https://www.globalmediainsight.com/blog/youtube-users-statistics/>（2022年9月12日閲覧）

Goldhaber, M.（1997）. The Attention Economy and the Net. *First Monday*, 2（4）.
<https://journals.uic.edu/ojs/index.php/fm/article/view/519>（2022年9月12日閲覧）

博報堂DYメディアパートナーズメディア環境研究所（2018）.「メディア定点調査2018」.
<https://mekanken.com/cms/wp-content/uploads/2018/05/384db15f3ac2bacb5ef92d09517795c1.pdf>（2022年9月12日閲覧）

博報堂DYメディアパートナーズメディア環境研究所（2021）.「メディア定点調査2021」.
<https://mekanken.com/cms/wp-content/uploads/2021/05/9e4de09c88f6eb2cbf54e04c7523238d.pdf>（2022年9月12日閲覧）

Hansen, A.（2019）. *Skärmhjärnan.* Bonnier Fakta.（久山葉子訳（2020）.『スマホ脳』新潮社）

Himelboim, I., McCreery, S., & Smith, M.（2013）. Birds of a Feather Tweet Together: Integrating network and content analyses to examine cross-ideology exposure on Twitter. *Journal of computer-mediated communication*, 18（2）, PP.154-174.

Jamieson, K. H., & Cappella, J. N.（2008）. *Echo Chamber: Rush Limbaugh and the Conservative Media Establishment*. Oxford University Press.

Kahneman, D.（2011）. *Thinking, Fast and Slow*. MacMillan.（村井章子訳（2014）.『ファスト＆スロー――あなたの意思はどのように決まるか？』早川書房）

Kim, J. O., & Mueller, C. W.（1978）. *Introduction to Factor Analysis: What it is and how to do it*. Sage Publications.

Kim, K. J., & Sundar, S. S. (2016). Mobile Persuasion: Can screen size and presentation mode make a difference to trust?. *Human Communication Research*, 42 (1), PP.45-70.

Kitajima, M., & Toyota, M. (2013). Decision-making and Action Selection in Two Minds: An analysis based on Model Human Processor with Realtime Constraints (MHP/RT). *Biologically Inspired Cognitive Architectures*, 5, PP.82-93.

北村智 (2021). ネットは政治的意見への接触を偏狭にするか.『ネット社会と民主主義――「分断」問題を調査データから検証する』. pp. 29-51. 有斐閣.

Kobayashi, T., & Inamasu, K. (2015). The Knowledge Leveling Effect of Portal Sites. *Communication Research*, 42 (4), pp.482-502.

小寺敦之 (2012)「動画共有サイトの『利用と満足』:『YouTube』がテレビ等の既存メディア利用に与える影響」,『社会情報学研究』, 16 (1), pp.1-14.

Krueger, A. (2019). *Rockonomics*. Currency. (望月衛訳 (2021).『ROCKONOMICS 経済はロックに学べ!』ダイヤモンド社)

黒須正明 (2013).『人間中心設計の基礎』近代科学社.

Lessig, L. (1999). *Code and Other Laws of Cyberspace*. Basic Books. (山形浩生・柏木亮二訳 (2001).『CODE――インターネットの合法・違法・プライバシー』翔泳社)

Liberman, D. & Long, M. (2018). *The Molecule of More: How a Single Chemical in Your Brain Drives Love, Sex, and Creativity and Will Determine the Fate of the Human Race*. BenBella Books. (梅田智世訳 (2020).『もっと!――愛と創造、支配と進歩をもたらすドーパミンの最新脳科学』インターシフト)

Lloyd JV, Ashdown TPO, Jawad LR. (2017). Autonomous Sensory Meridian Response: What is It? and Why Should We Care? *Indian Journal of Psychological Medicine*. 39 (2), PP.214-215. doi:10.4103/0253-7176.203116

Lord, C. G., Ross, L., & Lepper, M. R. (1979). Biased Assimilation and Attitude Polarization: The effects of prior theories on subsequently considered evidence. *Journal of personality and social psychology*, 37 (11), 2098.

McClintock, M. (2022). The Psychology of TikTok. *OneZero*.
<https://onezero.medium.com/the-psychology-of-tiktok-f10bc1506f1a> (2022年9月12日閲覧)

Mohan, N. (2021). Investing to empower the YouTube experience for the next generation of video. *YouTube Official Blog*.
<https://blog.youtube/inside-youtube/neal-innovation-series/> (2022年9月12日閲覧)

Mohan, N. and Kyncl, R. (2018). Building a better news experience on YouTube, together. *YouTube Official Blog*.
<https://blog.youtube/news-and-events/building-better-news-experience-on/> (2022年9月12日閲覧)

Newell, A. (1990). *Unified Theories of Cognition* (The William James Lectures, 1987). Harvard

University Press.
ニコニコニュース編集部（2016）. 川上量生が振り返るニコニコ動画の10年「“オワコン”なんて何度も言われてます」. ニコニコニュース.
<https://news.nicovideo.jp/watch/nw2483289>（2022年9月12日閲覧）
ニールセン（2019）. 無料動画アプリは14%，有料動画アプリは25%昨年から利用者数を拡大.
<https://www.nielsen.com/jp/ja/insights/newswire-j/press-release-chart/nielsen-pressrelease-20190227-digital-audience-measurement.html>（2022年9月12日閲覧）
ニールセン（2021）. TOPS OF 2021: DIGITAL IN JAPAN ～ニールセン2021年日本のインターネットサービス利用者数/利用時間ランキングを発表～.
<https://www.netratings.co.jp/news_release/2021/12/Newsrelease20211221.html>（2022年8月22日閲覧）
Norman, D.（1988）. *The Psychology of Everyday Things*. Basic Books.（野島久雄訳（1990）.『誰のためのデザイン？　認知科学者のデザイン原論』新曜社）
野澤佳悟（2021）. TVer、月間1億8,000万再生突破。アクティブユーザー数も過去最高に. AV Watch.
< https://av.watch.impress.co.jp/docs/news/1323685.html>（2022年9月12日閲覧）
Odell, J.（2019）. *How to Do Nothing: Resisting the Attention Economy*. Melville House.（竹内要江訳（2021）.『何もしない』早川書房）
大原昌人（2021）.『これからの集客はYouTubeが9割』青春出版社
Pariser, E.（2011）. *The Filter Bubble: How the New Personalized Web Is Changing What We Read and How We Think*. Penguin.（井口耕二訳（2012）.『閉じこもるインターネット――グーグル・パーソナライズ・民主主義』早川書房）
Pennycook, G., & Rand, D. G.（2019）. Lazy, not biased: Susceptibility to partisan fake news is better explained by lack of reasoning than by motivated reasoning. *Cognition*, 188, PP.39-50.
Pennycook, G., Epstein, Z., Mosleh, M., Arechar, A. A., Eckles, D., & Rand, D. G.（2021）. Shifting Attention to Accuracy Can Reduce Misinformation Online. *Nature*, 592（7855）, PP.590-595.
Petty, R. E., & Cacioppo, J. T.（1986）. The elaboration likelihood model of persuasion. In *Communication and Persuasion*（pp. 1-24）. Springer.
Prior, M.（2005）. News vs. Entertainment: How Increasing Media Choice Widens Gaps in Political Knowledge and Turnout. *American Journal of Political Science*, 49（3）, pp.577-592.
Resnick, P., Iacovou, N., Suchak, M., Bergstrom, P. and Riedl, J.（1994）. GroupLens: An Open Architecture for Collaborative Filtering of Netnews. In *Proceedings of ACM, 1994 Conference on Computer Supported Cooperative Work*, pp. 175-186.
嵯峨野芙美（2018）. 動画配信をもっと便利に――リモコンに加わったYouTubeボタンやHuluが示すテレビの未来. BCN+R.

<https://www.bcnretail.com/market/detail/20180609_63926.html>>（2022年9月12日閲覧）
笹原和俊（2018).『フェイクニュースを科学する 拡散するデマ、陰謀論、プロパガンダのしくみ』化学同人.
佐々木裕一（2018).『ソーシャルメディア四半世紀――情報資本主義に飲み込まれる時間とコンテンツ』日本経済新聞出版.
佐々木裕一（2019)「スマートフォンでのYouTube視聴実態―アーキテクチャに着目した基礎的分析」,『コミュニケーション科学』, 50, pp.87-111.
佐々木裕一・北村智・山下玲子（2021a),「社会的空間を分析視点に据えたモバイル動画視聴の利用および効用実態の把握 -5G導入も視野に入れて-」, 吉田秀雄記念事業財団 第54次助成研究報告書（第53次からの継続研究）
佐々木裕一・北村智・山下玲子（2021b),「YouTubeアプリにおけるアーキテクチャ利用のパターンと視聴動画ジャンルの関係」,『社会情報学』, 10（1), PP.17-33.
Simon, H. A.（1971）. Designing Organizations for an Information-rich World. *Computers, Communications, and the Public Interest*, 72, 37.
Solsman, J. E.（2018）. YouTube's AI Is the Puppet Master over Most of What You Watch. *Cnet*.
<https://www.cnet.com/news/youtube-ces-2018-neal-mohan/>（2022年9月12日閲覧）
総務省情報通信政策研究所（2018). 平成29年情報通信メディアの利用時間と情報行動に関する調査報告書.
<https://www.soumu.go.jp/main_content/000564530.pdf>（2022年9月12日閲覧）
総務省情報通信政策研究所（2020). 令和元年度情報通信メディアの利用時間と情報行動に関する調査報告書.
<https://www.soumu.go.jp/main_content/000708016.pdf>（2022年9月12日閲覧）
総務省情報通信政策研究所（2021). 令和2年度情報通信メディアの利用時間と情報行動に関する調査報告書.
<https://www.soumu.go.jp/main_content/000765258.pdf>（2022年9月12日閲覧）
総務省情報通信政策研究所（2022). 令和3年度情報通信メディアの利用時間と情報行動に関する調査報告書.
<https://www.soumu.go.jp/main_content/000831290.pdf>（2022年9月12日閲覧）
Stiegler, B.（2001）. *La Technique et le Temps, tome3: Le Temps du cinéma et la Question du mal-être*. Galilée.（石田英敬監修　西兼志訳（2013).『技術と時間3――映画の時間と ＜難－存在＞の問題』法政大学出版局）
Susntein, C.（2001）. *Republic.Com*. Princeton University Press.（石川幸憲訳（2003).『インターネットは民主主義の敵か』毎日新聞社）
高野雅典・小川祐樹・高史明・森下壮一郎（2020)「インターネットテレビ局におけるニュースチャンネルのユーザ体験が政治関心・ニュース知識に与える影響」『人工知能学会第34回全国大会論文集』セッションID 1L5-GS-5-04

東京大学教養学部統計学教室（1994）.『人文・社会科学の統計学』東京大学出版会.

Tourangeau, R., Conrad, F. G., & Couper, M. P.（2013）. *The Science of Web Surveys*. Oxford University Press.（大隅昇・鳰真紀子・井田潤治・小野裕亮訳（2019）.『ウェブ調査の科学——調査計画から分析まで』朝倉書店）

辻大介（2021）. ネット社会と民主主義のゆくえ.『ネット社会と民主主義「分断」問題を調査データから検証する』. pp. 201-216. 有斐閣.

内堀諒太・渡辺洋子（2022）. テレビと動画の利用状況の変化、その背景にある人々の意識とは～「全国メディア意識世論調査2021」の結果から～.『放送研究と調査』72（8）, pp.2-35.

UUUM株式会社2021年5月期　第1／第2／第3四半期決算資料.
<https://www.uuum.co.jp/ir-library>（2022年11月24日閲覧）

Wilhelm, M., Ramanathan, A., Bonomo, A., Jain, S., Chi, E. H., & Gillenwater, J.（2018）. Practical Diversified Recommendations on YouTube with Determinantal Point Processes. In *Proceedings of the 27th ACM International Conference on Information and Knowledge Management*, pp.2165-2173.

Wojcicki, S. & Goodrow, C.（2018）. Stretch: The YouTube Story, In Doerr, J. *Measure What Matters: How Google, Bono, and the Gates Foundation Rock the World with OKRs*, Portfolio. pp.154-173.（土方奈美訳（2018）.『Measure What Matters 伝説のベンチャー投資家がGoogleに教えた成功手法 OKR』pp.224-247. 日本経済新聞出版）

Wylie, C.（2019）. *Mindfuck: Inside Cambridge Analytica's Plot to Break the World*. Random House USA.（牧野洋訳（2020）.『マインドハッキング——あなたの感情を支配し行動を操るソーシャルメディア』新潮社）

山下玲子・北村智・佐々木裕一（2023）.「YouTube視聴にかかわる3つの尺度作成の試み」,『コミュニケーション科学』, 57, pp.65-89.

Zuboff, S.（2019）. *The Age of Surveillance Capitalism: The fight for a human future at the new frontier of power*. Profile books.（野中香方子訳（2021）.『監視資本主義——人類の未来を賭けた闘い』東洋経済新報社）

あとがき

「話されることば」「書かれたことば」「印刷されたことば」「漫画」「写真」「電話」「映画」「ラジオ」「テレビ」。

上に挙げたのは、その道の泰斗マクルーハンによって書かれた"Understanding Media"（『メディア論』）の第2部で扱われるメディアの一部だ。「メディアはメッセージである」という有名な一節から始まるように、彼の考察の中心はメディアが持つ特性とそれらがどのように私たち人間を拡張しているかにあった。

同書は1964年の出版なので、「インターネット」も「ウェブ」も登場しない。でもそれから30年ほど経過すると、私のように「インターネット」や「ウェブ」の持つメディア特性を考え、それらに魅了される研究者が増えた。時期的にはさらに10年ほど遅れるものの、私が大学教員になった2007年からの数年は学生にとってもインターネット研究、ウェブ研究の時代であった。双方向性という特性によって語られる「ウェブ2.0」が注目を浴びた時代だからそうなるのは自然な流れで、学生同士が面白いと感じるウェブサービスを教え合うような時代でもあった。

それから15年が過ぎた今、学生と話すと「あなたたちは本当にデジタルコンテンツが好きなんだね」と感じる。でもそれも当然で、メディアが運んでいた中身がデジタル化によって独立して、インターネットという流通路を当たり前に流れるようになり、スマートフォンによってどこにいてもそれらに接触できるようになったのだから。「運ぶもの」は背景化して、サービス提供者は「運ばれるもの」とテクノロジーでアテンションを獲得しようと必死なのだからそうなってしまう。

インターネット「メディア」研究者としてはちょっと寂しいが、これはテレビ研究者の多くがテレビメディアというよりもテレビ番組に関する研究をしているのと同じで、インターネットについてもついに特殊状態から定常状態になっただけとも言える（次のメディア研究のフロンティアはメタバースになるのだろうけど）。

ただメディア研究者としてちょっとぼやくと、クロームやサファリのようなウェブブラウザを使ってパソコンで何かを調べまくり、そして考える学生は少数派となってしまった。つまり多数派は「向こうからやってくる／おすすめされる」コンテンツに、なぜそうなってしまうのかも知らず時間を費やしすぎていて、ウェブが巨大な探索可能なデータベースであるという特性を忘れているか知らないようだ。そしてそういう場合、「なぜ自分の視聴しているこのコンテンツが人気なのか？」というメタ的な視点で問いを発することも少ないように感じる。しかも楽しんで動画コンテンツを見ていても、実は生活に充実感を持てていない学生もいそうなので、それなりに心配である。

若かりし日の私にとっての最高のコンテンツは大小さまざまの旅でのエトセトラであったが、コロナ禍もあるし、実世界で旅をするにはけっこうお金がかかるという切実な事情もきょうびの学生にはあるようで悩ましい。そうは言っても、メディア特性も理解しながらネットでの「見る」と「調べる」のバランスをうまくとって充実した生活を送って欲しいということは、一連の研究を終えた今、強く感じる。

最後になるが、本書に関わる研究が完遂できたのは研究助成に負うところが大きい。具体的には、東京経済大学2020年度／2021年度共同研究助成費、公益財団法人吉田秀雄記念事業財団2019年度／2020年度研究助成による支援を受けた。ここに記して感謝する。

また前著『ソーシャルメディア四半世紀』に続いて、難しめの紙の本が世に出しにくい時代にそれを実現していただいた編集担当の三田真美さんにもお礼を申し上げる。

2023年立春

著者を代表して　佐々木裕一

著者略歴

佐々木 裕一 Yuichi Sasaki
東京経済大学コミュニケーション学部教授
一橋大学社会学部卒業。学部時代にフランス高等商業学院（HEC）に給費留学。慶應義塾大学大学院政策・メディア研究科博士課程修了（博士 政策・メディア）。電通、アーサー・ディ・リトル・ジャパン、NTTデータ経営研究所を経て大学教員に。2011～2013年カリフォルニア大学サンディエゴ校訪問研究員。著書に『ソーシャルメディア四半世紀——情報資本主義に飲み込まれる時間とコンテンツ』（日本経済新聞出版）、『ツイッターの心理学——情報環境と利用者行動』（共著、誠信書房）ほか。

山下 玲子 Reiko Yamashita
東京経済大学コミュニケーション学部教授
一橋大学大学院社会学研究科博士後期課程単位取得退学。札幌国際大学人文・社会学部助教授、埼玉学園大学人間学部専任講師、武蔵大学社会学部教授などを経て、2018年より東京経済大学コミュニケーション学部教授。主に、テレビを中心とした映像コンテンツの利用行動とその影響について、社会心理学的アプローチから研究を続けている。共著に『マスコミュニケーションの新時代』（北樹出版）、『ホストセリングを知っていますか？』（春風社）など。

北村 智 Satoshi Kitamura
東京経済大学コミュニケーション学部教授
東京大学文学部卒業。2007年東京大学大学院学際情報学府博士課程中退。東京大学大学院情報学環寄付講座教員、特任助教、東京経済大学コミュニケーション学部専任講師、准教授を経て、2020年より東京経済大学コミュニケーション学部教授。共著に『ツイッターの心理学——情報環境と利用者行動』（誠信書房）、『ネット社会と民主主義』（有斐閣）ほか。

スマホでYouTubeにハマるを科学する
アーキテクチャと動画ジャンルの影響力

2023年3月15日　1版1刷

著　者　　佐々木裕一
　　　　　山下玲子
　　　　　北村　智

発行者　　國分正哉
発　行　　株式会社日経BP
　　　　　日本経済新聞出版
発　売　　株式会社日経BPマーケティング
　　　　　〒105-8308　東京都港区虎ノ門4-3-12
装　丁　　岩瀬　聡
本文デザイン　アーティザンカンパニー（秋本さやか）
印刷・製本　株式会社三松堂
ISBN 978-4-296-11741-3